"十四五"职业教育国家规划教材

组态软件及应用项目式教程

第 2 版

主　编　张桂香

副主编　李秀玲　索　娜　刘　厦

参　编　武　杰　曹彦宏

主　审　杨　辉

机械工业出版社

本书从工程应用角度出发，以落实"立德树人"根本任务为中心，以培养学生职业能力为主线，以广泛应用的 MCGS 6.2 和 iFIX 5.5 两大组态软件为例，以 6 个项目为载体，覆盖了工程组态的全过程和组态基本操作技能。主要内容包括：画面流程组态、动画组态、报警组态、报表和曲线组态、安全机制组态、设备连接组态及通信组态等，并融入家国情怀、职业素养的提升、创新意识的培养，旨在引导学生明白做人做事的基本道理，培养学生进行工控组态与项目调试的工作能力。

本书为新形态一体化教材，采用纸数融合的教材编写模式，素质目标与知识目标、能力目标并举，重点突出操作技能训练，书中配有动画、组态运行效果视频等数字资源，均以二维码呈现，学生可以通过"扫一扫"功能，随扫随学，直观生动。

本书可作为高等职业院校电气自动化技术、工业过程自动化技术、工业机器人技术、铁道供电技术、机电一体化技术等专业的教学用书，也可供现场工程技术人员自学参考。为方便教学，本书配有免费电子课件，凡选用本书作为授课教材的老师，均可登录机械工业出版社教育服务网（www.cmpedu.com）注册后免费下载。咨询电话：010-88379375。

图书在版编目（CIP）数据

组态软件及应用项目式教程／张桂香主编 . -- 2 版.
北京：机械工业出版社，2025. 3. --（"十四五"职业
教育国家规划教材）. -- ISBN 978-7-111-77162-3

Ⅰ. TP277. 2

中国国家版本馆 CIP 数据核字第 2024XP2301 号

机械工业出版社（北京市百万庄大街 22 号　邮政编码 100037）
策划编辑：于　宁　　　　　责任编辑：于　宁　高亚云
责任校对：梁　园　张亚楠　　封面设计：鞠　杨
责任印制：张　博
北京联兴盛业印刷股份有限公司印刷
2025 年 3 月第 2 版第 1 次印刷
184mm×260mm · 13 印张 · 320 千字
标准书号：ISBN 978-7-111-77162-3
定价：43.00 元

电话服务　　　　　　　网络服务
客服电话：010-88361066　机　工　官　网：www.cmpbook.com
　　　　　010-88379833　机　工　官　博：weibo.com/cmp1952
　　　　　010-68326294　金　书　网：www.golden-book.com
封底无防伪标均为盗版　机工教育服务网：www.cmpedu.com

关于“十四五”职业教育
国家规划教材的出版说明

为贯彻落实《中共中央关于认真学习宣传贯彻党的二十大精神的决定》《习近平新时代中国特色社会主义思想进课程教材指南》《职业院校教材管理办法》等文件精神，机械工业出版社与教材编写团队一道，认真执行思政内容进教材、进课堂、进头脑要求，尊重教育规律，遵循学科特点，对教材内容进行了更新，着力落实以下要求：

1. 提升教材铸魂育人功能，培育、践行社会主义核心价值观，教育引导学生树立共产主义远大理想和中国特色社会主义共同理想，坚定“四个自信”，厚植爱国主义情怀，把爱国情、强国志、报国行自觉融入建设社会主义现代化强国、实现中华民族伟大复兴的奋斗之中。同时，弘扬中华优秀传统文化，深入开展宪法法治教育。

2. 注重科学思维方法训练和科学伦理教育，培养学生探索未知、追求真理、勇攀科学高峰的责任感和使命感；强化学生工程伦理教育，培养学生精益求精的大国工匠精神，激发学生科技报国的家国情怀和使命担当。加快构建中国特色哲学社会科学学科体系、学术体系、话语体系。帮助学生了解相关专业和行业领域的国家战略、法律法规和相关政策，引导学生深入社会实践、关注现实问题，培育学生经世济民、诚信服务、德法兼修的职业素养。

3. 教育引导学生深刻理解并自觉实践各行业的职业精神、职业规范，增强职业责任感，培养遵纪守法、爱岗敬业、无私奉献、诚实守信、公道办事、开拓创新的职业品格和行为习惯。

在此基础上，及时更新教材知识内容，体现产业发展的新技术、新工艺、新规范、新标准。加强教材数字化建设，丰富配套资源，形成可听、可视、可练、可互动的融媒体教材。

教材建设需要各方的共同努力，也欢迎相关教材使用院校的师生及时反馈意见和建议，我们将认真组织力量进行研究，在后续重印及再版时吸纳改进，不断推动高质量教材出版。

机械工业出版社

前 言

　　MCGS 组态软件和 iFIX 组态软件均为目前广泛应用的工业控制组态软件。MCGS 是一套32 位工控组态软件，可稳定运行于 Windows95/98/Me/NT/2000 等多种操作系统，集动画显示、流程控制、数据采集、设备控制与输出、网络数据传输、双机热备、工程报表、数据与曲线等诸多强大功能于一身，并支持国内外众多数据采集与输出设备，广泛应用于各工程领域。iFIX 是最早一代的 HMI 产品的领军品牌，能全面监控和分布管理全厂范围的生产数据，集强大功能、安全性、通用性和易用性于一身，使之成为任何生产环境下全面的 HMI /SCA-DA 解决方案。

　　本书编写思路和目标：落实立德树人根本任务为中心，全方位融入育人元素，以工作项目为载体，以任务为驱动，内容上和可编程控制系统应用编程证书、可编程控制系统集成及应用证书考试内容衔接。以学生为中心，通过教学做创一体化教学，培养学生的创新思维和职业综合能力；教学案例现场化，有效突出职业技能的培养，实现学生毕业后在组态技术应用领域"零距离上岗"的培养目标；教材以 MCGS 通用组态软件为主，以 iFIX 专用软件为辅，既有效保证对学生基本知识和基本技能的培养，又提升学生举一反三和知识迁移的能力。

　　本书的特点：采用纸数融合的编写模式，动画和组态运行效果用二维码呈现，学生通过"扫一扫"即可观看组态效果，直观生动，也可有效提高学生的学习兴趣。教材中的视野拓展、二维码和教材配套的 PPT 中以多种媒体形式融入素质教育元素，把素质教育贯穿组态技术课程教育教学全过程，实现知识传授、能力培养与价值引领的有机统一，保证了专业课课程思政与思政课程"全过程"同向同行，有效落实了立德树人根本任务。

　　全书共有 6 个项目，每个项目又有若干个任务。本书参考教学时数为 48 学时，各院校各专业在选用本书时可根据设备和学时多少灵活掌握。

　　本书由郑州铁路职业技术学院张桂香主编，并负责全书的统稿，张桂香编写了项目 2；郑州铁路职业技术学院李秀玲、郑州铁路职业技术学院索娜、格创东智（深圳）科技有限公司刘厦为副主编，其中，李秀玲编写了项目 1、项目 3 和附录，索娜编写了项目 4，刘厦编写了项目 6；郑州地铁集团有限公司武杰、河南华腾科盛科技教育有限公司曹彦宏参与本书编写，其中武杰编写了项目 5，曹彦宏制作教材配套 PPT 和视频。郑州地铁集团有限公司杨辉担任本书主审，对书稿提出了许多建设性意见。本书在编写过程中还得到了北京昆仑通态自动化软件科技有限公司、南京南戈特智能技术有限公司、郑州地铁集团有限公司和无锡信捷电气股份有限公司的帮助，在此一并表示衷心的感谢。

　　由于编者水平有限，书中难免有疏漏或不妥之处，恳请读者批评指正。

编　者

二维码索引

目　录

第2篇 iFIX 组态软件及应用

第1篇
MCGS组态软件及应用

项目1

认知MCGS组态软件

项目目标

1. 知识目标

（1）掌握 MCGS 组态软件的系统构成、功能和特点。

（2）掌握 MCGS 组态软件面向对象的工作方式。

（3）掌握 MCGS 组态软件常用术语。

（4）掌握 MCGS 组态软件的组态环境和工具。

（5）掌握 MCGS 组态软件组建一个工程的一般过程。

（6）了解组态软件的发展动态，特别是国产组态软件的发展动态。

2. 能力目标

（1）能熟练使用 MCGS 组态软件常用术语。

（2）具备 MCGS 组态软件的组态环境和工具操作的使用能力。

（3）能根据组态工程要求说出 MCGS 组态软件组建一个新工程的一般过程。

3. 素质目标

（1）引导学生通过"初心探讨"创新思维工具思考组态技术学习目标和对组态工程师工作岗位的憧憬。

（2）从组态工程师岗位需求出发制订学习规划，培养学生主动进行学习规划和职业规划的意识。

（3）培养学生沟通协调、团结协作、解决问题及总结、表达能力。

（4）培养学生类比创新思维能力。

（5）弘扬工匠精神和创新精神，激励学生走技能成才、技能报国之路。

▶▲ 任务1　了解 MCGS 组态软件 ◀◀

1.1.1　什么是 MCGS 组态软件

MCGS（Monitor and Control Generated System）即"监视与控制通用系统"，它是一套基于 Windows 平台的、用于快速构造和生成上位机监控系统的组态软件，可运行于 Microsoft Windows 95/98/Me/NT/2000 等操作系统。

MCGS 组态软件为用户提供了解决实际工程问题的完整方案和开发平台，能够完成现场数据采集、实时和历史数据处理、报警和安全机制、流程控制、动画显示、趋势曲线和报表输出以及企业监控网络等功能。

☆ 规划有意义的人生：大学是为择业、就业、创业准备知识、品德、能力的阶段使用 MCGS 组态软件，用户无须具备计算机编程的知识，就可以在短时间内轻而易举地完成一个运行稳定、功能全面、维护量小并且具备专业水准的计算机监控系统的开发工作。

MCGS 组态软件具有操作简便、可视性好、可维护性强、性能好且可靠性高等突出特点，已成功应用于石油化工、钢铁、电力、水处理、环境监测、机械制造、交通运输、能源原材料、农业自动化和航空航天等领域，经过各种现场的长期实际运行，系统稳定可靠。

目前，MCGS 组态软件推出了 MCGS 通用版组态软件、MCGS WWW 网络版组态软件和 MCGSE 嵌入版组态软件。三类产品风格相同，功能各异，可完成工业控制系统的设备采集、工作站数据处理、上位机网络管理和 WEB 浏览等功能，很好地实现了自动控制一体化。

1.1.2 MCGS 组态软件的系统构成

1. MCGS 组态软件的整体结构

MCGS 组态软件（以下简称 MCGS）由"MCGS 组态环境"和"MCGS 运行环境"两个系统组成，两部分互相独立，又紧密相关。MCGS 系统构成如图 1-1 所示，组态环境相当于一套完整的工具软件，帮助用户设计和构造自己的应用系统。运行环境则按照组态环境中构造的组态工程，以用户指定的方式运行，并进行各种处理，完成用户组态设计的目标和功能。

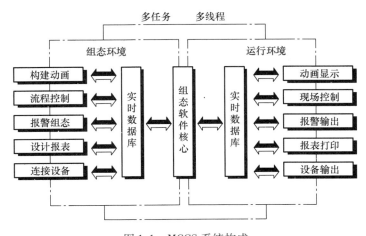

图 1-1　MCGS 系统构成

MCGS 组态环境是生成用户应用系统的工作环境，由可执行程序 McgsSet. exe 支持，存放于 MCGS 目录的 Program 子目录中。用户在 MCGS 组态环境中完成动画设计、设备连接、编写控制流程、编制工程打印报表等全部组态工作后，生成扩展名为"mcg"的工程文件，又称为组态结果数据库，其与 MCGS 运行环境一起，构成了用户应用系统，统称为"工程"。该工程文件自动存放于 MCGS 目录下的 Work 子目录中。

MCGS 运行环境是用户应用系统的运行环境，由可执行程序 McgsRun. exe 支持，存放于 MCGS 目录的 PROGRAM 子目录中。在运行环境中完成对工程的控制工作。

2. MCGS 组态软件五大窗口

MCGS 组态软件所建立的工程由主控窗口、设备窗口、用户窗口、实时数据库和运行策略五部分构成，每一部分分别进行组态操作，完成不同的工作，具有不同的特性，如图1-2所示。

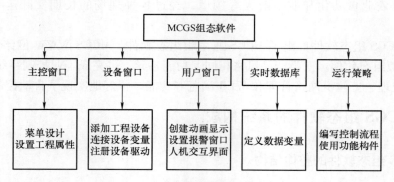

图 1-2　MCGS 组态软件五大窗口

（1）主控窗口　本窗口是工程的主窗口或主框架。在主控窗口中可以放置一个设备窗口和多个用户窗口，主控窗口负责调度和管理这些窗口的打开或关闭。主要的组态操作包括：定义工程的名称、编制工程菜单、设计封面图形、确定自动启动的窗口、设定动画刷新周期、指定数据库存盘文件名称及存盘时间等。

（2）设备窗口　本窗口是连接和驱动外部设备的工作环境。在本窗口内配置数据采集与控制输出设备，注册设备驱动程序，定义连接与驱动设备用的数据变量。

（3）用户窗口　本窗口主要用于设置工程中的人机交互界面，如生成各种动画显示画面、报警输出、数据与曲线图表等。

（4）实时数据库　它是工程各个部分的数据交换与处理中心，将 MCGS 工程的各个部分连接成有机的整体。在本窗口内定义不同类型和名称的变量，作为数据采集与处理、输出控制、动画连接及设备驱动的对象。

（5）运行策略　本窗口主要完成工程运行流程的控制，包括编写控制程序（if...then 脚本程序），选用各种功能构件（如数据提取、定时器、配方操作及多媒体输出）等。

1.1.3　MCGS 组态软件的功能和特点

与国内外同类产品相比，MCGS 组态软件具有以下功能和特点：

1）全中文、可视化、面向窗口的组态开发界面，符合中国人的使用习惯和要求；真正的 32 位程序，可运行于 Microsoft Windows 95/98/Me/NT/2000 等多种操作系统。

2）庞大的标准图形库、完备的绘图工具、22 种不同形式的渐进色填充功能以及丰富的多媒体支持，使用户能够快速地开发出集图像、声音、动画等于一体的丰富多样、精美的工程画面。

3）MCGS 组态软件不仅在运行环境下支持图形的旋转功能，使组态工程更加生动、逼真，而且在组态环境下也可以对图形进行任意角度的旋转，使用户轻松完成难度较大的图形组态工作。

4）MCGS 位图构件主要用于显示静态图像，位图构件不仅可以显示标准的 Windows 位图文件（即 bmp 文件），还增加了允许装载其他各种格式图片的功能。

5）全新的 ActiveX 动画构件（包括存盘数据处理、条件曲线、计划曲线、相对曲线及通用棒图等），使用户能够更方便、更灵活地处理、显示生产数据。

6）通用性强，支持目前绝大多数硬件设备，用户根据工程实际情况，利用通用组态软件提供的底层设备（PLC、智能仪表、智能模块、板卡、变频器等）的 I/O 驱动器、开放式的数据库和画面制作工具，就能完成一个具有动画效果、实时数据处理、历史数据和曲线并存、具有多媒体功能和网络功能的工程，不受行业限制。

7）MCGS 组态软件与设备无关，不同的设备对应不同的设备驱动构件，对于某一构件的操作和改动，不会影响其他构件和整个系统的结构。用户不必因外部设备的局部改动而影响整个系统。

8）MCGS 采用了面向窗口的设计思想，增加了可视性和可操作性，以窗口为单位构造用户系统的图形界面，使得 MCGS 的组态工作既简单又灵活多变。

9）封装性好（易学易用），MCGS 组态软件所能完成的功能都用一种方便用户使用的方法包装起来，对于用户，不需掌握太多的编程语言技术（甚至不需要编程技术），简单易学的类 Basic 脚本语言与丰富的 MCGS 策略构件，使用户能够轻而易举地开发出复杂的流程控制系统。

10）强大的数据处理功能，能够对工业现场产生的数据以多种方式进行统计处理，使用户能够在第一时间获得有关现场情况的数据。

11）方便的报警设置、丰富的报警类型、报警存储与应答、实时打印报警报表以及灵活的报警处理函数，使用户能够方便、及时、准确地捕捉到报警信息。

12）完善的安全机制，允许用户自由设定菜单、按钮及退出系统的操作权限。此外，MCGS 还提供了工程密码、锁定软件狗及工程运行期限等功能，以保护组态开发者的成果。

13）强大的网络功能，支持 TCP/IP、Modem、485/422/232 以及各种无线网络和无线电台等多种网络体系结构。

14）良好的可扩充性，可通过 OPC、DDE、ODBC 及 ActiveX 等机制，方便地扩展MCGS 组态软件的功能，并与其他组态软件、MIS 或自行开发的软件进行连接。

15）延续性强，用 MCGS 组态软件开发的应用程序，当现场（包括硬件设备或系统结构）或用户需求发生改变时，不需做很多修改就可方便地完成软件的更新和升级。

16）采用 PLC 工业自动控制装置，体积小，功能强，程序设计简单，维护方便，对于恶劣工业环境的适应性好，可靠性高。

17）TPC 系列触摸屏作为一种新型的人机界面，是专门面向 PLC 应用的，功能强大，使用方便，而且应用非常广泛，日益成为现代工业必不可少的设备之一。

18）提供了 WWW 浏览功能，能够方便地实现生产现场控制与企业管理的集成。在整个企业范围内，只使用 IE 浏览器就可以在任意一台计算机上方便地浏览与生产现场一致的动画画面，可显示实时和历史的生产信息，如历史趋势、生产报表等，并提供完善的用户权限控制。

1.1.4 MCGS 组态软件的工作方式

1. MCGS 如何与设备进行通信

MCGS 通过设备驱动程序与外部设备进行数据交换，包括数据采集和发送设备指令。设备驱动程序是由 VB、VC 程序设计语言编写的 DLL（动态链接库）文件，设备驱动程序中包含符合各种设备通信协议的处理程序，将设备运行状态的特征数据采集进来或发送出去。MCGS 负责在运行环境中调用相应的设备驱动程序，将数据传送到工程中的各个部分，完成整个系统的通信过程。每个驱动程序独占一个线程，互不干扰。

2. MCGS 如何产生动画效果

MCGS 为每一种基本图形元素定义了不同的动画属性，如一个长方形的动画属性有可见度、大小变化、水平移动等，每一种动画属性都会产生一定的动画效果。所谓动画属性，实际上是反映图形大小、颜色、位置、可见度及闪烁性等状态的特征参数。然而，我们在组态环境中生成的画面都是静止的，如何在工程运行中产生动画效果呢？方法是：图形的每一种动画属性中都有一个"表达式"设定栏，在该栏中设定一个与图形状态相联系的数据变量，连接到实时数据库中，以此建立相应的对应关系，MCGS 称之为"动画连接"。详细情况请参阅"2.2.3 动画连接"相关内容。

3. MCGS 如何实施远程多机监控

MCGS 提供了一套完善的网络机制，可通过 TCP/IP 网、Modem 网和串口网将多台计算机连接在一起，构成分布式网络监控系统，实现网络间的实时数据同步、历史数据同步和网络事件的快速传递。同时，可利用 MCGS 提供的网络功能，在工作站上直接对服务器中的数据库进行读写操作。分布式网络监控系统的每一台计算机都要安装一套 MCGS 工控组态软件。MCGS 把各种网络形式以父设备构件和子设备构件的形式供用户调用，并进行工作状态、端口号和工作站地址等属性参数的设置。

4. 如何对工程运行流程实施有效控制

MCGS 开辟了专用的"运行策略"窗口，建立用户运行策略。MCGS 提供了丰富的功能构件供用户选用，通过构件配置和属性设置两项组态操作，生成各种功能模块（称为"用户策略"），使系统能够按照设定的顺序和条件，操作实时数据库，实现动画窗口的任意切换，控制系统的运行流程和设备的工作状态。所有的操作均采用面向对象的直观方式，避免了繁琐的编程工作。

 想一想，做一做

1. 什么叫 MCGS？
2. MCGS 组态软件包括几部分？

3. MCGS 组态软件五大窗口的主要功能是什么？

4. 你知道的国产组态软件还有哪些？各有什么优缺点？

5. 对于组态技术课程，你的学习目标是什么？

6. 学习组态技术课程对你的职业规划有何影响和帮助？

➤▲ 任务2　学习 MCGS 组态软件 ◢◀

1.2.1　MCGS 组态软件常用术语

（1）工程　用户应用系统的简称。引入工程的概念，是为了使复杂的计算机专业技术更贴近于普通工程用户。在 MCGS 组态环境中生成的文件称为工程文件，扩展名为 "mcg"，存放于 MCGS 目录的 Work 子目录中，如 "D：\ MCGS \ Work \ 水位控制系统. mcg"。

（2）对象　操作目标与操作环境的统称。如窗口、构件、数据和图形等皆称为对象。

（3）选中对象　用鼠标单击窗口或对象，使其处于可操作状态，称此操作为选中对象，被选中的对象（包括窗口）也叫当前对象。

（4）属性　英文名为 Property，在 MCGS 组态软件中为对象的名称、类型、状态、性能及用法等特征的统称。

（5）组态　在工控软件中，Configuration（an arrangement of elements in a particular form, figure，or combination）都被翻译成组态，组态就是利用软件中提供的工具、方法完成工程中某一具体任务的过程。在 MCGS 组态软件开发平台中对五大部分进行对象的定义、制作和编辑，并设定其状态特征（属性）参数，将此项工作称为组态。

（6）菜单　执行某种功能的命令集合。如系统菜单中的 "文件" 菜单命令，是用来处理与工程文件有关的执行命令。位于窗口顶端菜单条内的菜单命令称为顶层菜单，一般分为独立的菜单项和下拉菜单两种形式，下拉菜单还可分成多级，每一级称为次级子菜单。

（7）构件　具备某种特定功能的程序模块，可以用 VB、VC 等程序设计语言编写，通过编译，生成 DLL、OCX 等文件。用户对构件设置一定的属性，并与定义的数据变量相连接，即可在运行中实现相应的功能。

（8）策略　是指对系统运行流程进行有效控制的措施和方法。

（9）启动策略　在进入运行环境后首先运行的策略，只运行一次，一般完成系统初始化的处理。该策略由 MCGS 自动生成，具体处理的内容由用户填充。

（10）循环策略　按照用户指定的周期时间，循环执行策略块内的内容，通常用来完成流程控制任务。

（11）退出策略　退出运行环境时执行的策略。该策略由 MCGS 自动生成，自动调用，一般由该策略模块完成系统结束运行前的善后处理任务。

（12）用户策略　由用户定义，用来完成特定的功能。用户策略一般由按钮、菜单及其他策略来调用执行。

（13）事件策略　当对应的事件发生时执行的策略，例如在用户窗口中定义了鼠标单击事件，工程运行时在用户窗口中单击鼠标则执行相应的事件策略，只运行一次。

（14）热键策略　当用户按下定义的组合热键（如 < Ctrl > + < D >）时执行的策略，

只运行一次。

（15）可见度　指对象在窗口内的显现状态，分为可见与不可见。

（16）变量类型　MCGS 定义的变量有五种类型：数值型、开关型、字符型、事件型和组对象。

（17）事件对象　用来记录和标识某种事件的产生或状态的改变，如开关量的状态改变。

（18）组对象　用来存储具有相同存盘属性的多个变量的集合，内部成员可包含多个其他类型的变量。组对象只是对有关联的某一类数据对象的整体表示方法，而实际的操作则均针对每个成员进行。

（19）动画刷新周期　动画更新速度，即颜色变换、物体运动或液面升降的快慢等，以毫秒为单位。

（20）父设备　本身没有特定功能，但可以和其他设备一起与计算机进行数据交换的硬件设备，如串口通信父设备。

（21）子设备　必须通过一种父设备与计算机进行通信的设备，如 GE 90 系列 PLC、西门子 S7 - 200 PPI 等。

（22）模拟设备　在对工程文件测试时，提供可变化的数据的内部设备，可提供多种变化方式，如正弦波、三角波等。

（23）数据库存盘文件　MCGS 工程文件在硬盘中存储时的文件，类型为 MDB 文件，一般以工程文件的文件名 + "D" 进行命名，存储在 MCGS 目录下 Work 子目录中，如 "D：\ MCGS \ Work \ 水位控制系统 D. MDB"。

1.2.2　MCGS 组态软件的组态环境和工具

1. 系统工作台面

系统工作台面是 MCGS 组态操作的总工作台面。双击 Windows 桌面上的 "MCGS 组态环境" 图标，或执行 "开始" 菜单中的 "MCGS 组态环境" 菜单项，弹出的窗口即为 MCGS 的工作台窗口，设有：

（1）标题栏　显示 "MCGS 组态环境-工作台" 标题、工程文件名称和所在目录。

（2）菜单条　设置 MCGS 的菜单系统。

（3）工具条　设有对象编辑和组态用的工具按钮。不同的窗口设有不同功能的工具按钮。

（4）工作台面　进行组态操作和属性设置。上部设有五个窗口标签，分别对应主控窗口、用户窗口、设备窗口、实时数据库和运行策略五大窗口。用鼠标单击对应标签按钮，即可将相应的窗口激活，进行组态操作；工作台右侧还设有创建对象和对象组态用的功能按钮。

2. 组态工作窗口

组态工作窗口是创建和配置图形对象、数据对象和各种构件的工作环境，又称为对象的编辑窗口，主要包括组成工程框架的五大窗口，即主控窗口、用户窗口、设备窗口、实时数据库和运行策略，分别完成工程命名和属性设置、动画设计、设备连接、编写控制流程、定义数据变量等组态操作。

3. 属性设置窗口

属性设置窗口是设置对象各种特征参数的工作环境，又称属性设置对话框。对象不同，属性设置窗口的内容各异，但结构形式大体相同，主要由下列几部分组成：

（1）窗口标题　位于窗口顶部，显示"××属性设置"字样的标题。

（2）窗口标签　窗口标签作为分页的标记，各类窗口分页排列，鼠标单击窗口标签，即可将相应的窗口页激活，进行属性设置。

（3）输入框　设置属性的输入框，左侧标有属性注释文字，框内输入属性内容。为了便于用户操作，许多输入框的右侧带有"?""▼""…"等选项按钮，单击此按钮，弹出一列表框，双击所需要的项目，即可将其设置于输入框内。

（4）单选按钮　带有"○"或"⊙"标记的属性设定器件。同一设置栏内有多个选项时，只能选择其一。

（5）复选框　带有"□"标记的属性设定器件。同一设置栏内有多个选项时，可以选择多个。

（6）功能按钮　一般设有"检查［K］""确认［Y］""取消［C］""帮助［H］"四种按钮：

1）"检查［K］"按钮用于检查当前属性设置内容是否正确。

2）"确认［Y］"按钮用于在属性设置完毕后，返回组态窗口。

3）"取消［C］"按钮用于取消当前的设置，返回组态窗口。

4）"帮助［H］"按钮用于查阅在线帮助文件。

4. 图形库工具箱

图形库工具箱为用户提供了丰富的组态资源，包括：

（1）系统图形工具箱　进入用户窗口，单击工具条中的"工具箱"按钮，打开系统图形工具箱，其中设有各种图元、图符、组合图形及动画构件的位图图符。利用这些最基本的图形元素，可以制作出任何复杂的图形。

（2）设备构件工具箱　进入设备窗口，单击工具条中的"工具箱"按钮，打开设备构件工具箱，其中设有与工控行业经常选用的监控设备相匹配的各种设备构件。选用所需的构件，放置到设备窗口中，经过属性设置和通道连接后，该构件即可实现对外部设备的驱动和控制。

（3）策略构件工具箱　进入运行策略组态窗口，单击工具条中的"工具箱"按钮，打开策略构件工具箱，工具箱内包括所有策略功能构件。选用所需的构件，生成用户策略模块，实现对系统运行流程的有效控制。

（4）对象元件库　对象元件库是存放组态完好并具有通用价值动画图形的图形库，便于对组态成果的重复利用。进入用户窗口的组态窗口，执行"工具"→"对象元件库管理"

菜单命令，或者打开系统图形工具箱，单击"插入元件"图标，可打开对象元件库管理窗口，进行存放图形的操作。

5. 工具按钮及菜单

工作台窗口的工具条一栏内，排列标有各种位图图标的按钮，称为工具条功能按钮，简称为工具按钮。许多按钮的功能与菜单条中的菜单命令相同，但操作更为简便，因此在组态操作中经常使用。各菜单的操作命令、对应的工具按钮、快捷键及其功能说明等详见帮助菜单。

1.2.3 鼠标操作

（1）选中对象 鼠标指针指向对象，单击鼠标左键一次（该对象出现蓝色阴影）。
（2）单击鼠标左键 鼠标指针指向对象，单击鼠标左键一次。
（3）单击鼠标右键 鼠标指针指向对象，单击鼠标右键一次。
（4）鼠标双击 鼠标指针指向对象，快速连续单击鼠标左键两次。
（5）鼠标拖动 鼠标指针指向对象，按住鼠标左键，移动鼠标，对象随鼠标移动到指定位置，松开左键，即完成鼠标拖动操作。

1.2.4 组建新工程的一般过程

（1）工程项目系统分析 分析工程项目的系统构成、技术要求和工艺流程，弄清系统的控制流程和监控对象的特征，明确监控要求和动画显示方式，分析工程中的设备采集及输出通道与软件中实时数据库变量的对应关系，分清哪些变量是要求与设备连接的，哪些变量是软件内部用来传递数据及动画显示的。

（2）工程立项搭建框架 MCGS 称之为建立新工程。主要内容包括：定义工程名称、封面窗口名称和启动窗口（封面窗口退出后接着显示的窗口）名称，指定存盘数据库文件的名称以及存盘数据库，设定动画刷新的周期。经过以上操作，即在 MCGS 组态环境中，建立了由五部分组成的工程结构框架。封面窗口和启动窗口也可等到建立了用户窗口后，再行建立。

（3）设计菜单基本体系 为了对系统运行的状态及工作流程进行有效的调度和控制，通常要在主控窗口内编制菜单。编制菜单分两步进行，第一步搭建菜单的框架，第二步对各级菜单命令进行功能组态。在组态过程中，可根据实际需要，随时对菜单的内容进行增加或删除，不断完善工程的菜单。

（4）制作动画显示画面 动画制作分为静态图形设计和动态属性设置两个过程。前一部分类似于"画画"，用户通过 MCGS 组态软件中提供的基本图形元素及动画构件库，在用户窗口内"组合"成各种复杂的画面。后一部分则设置图形的动画属性，与实时数据库中定义的变量建立相关性的连接关系，作为动画图形的驱动源。

（5）编写控制流程程序 在运行策略组态窗口内，从策略构件工具箱中，选择所需功能策略构件，构成各种功能模块（称为策略块），由这些模块实现各种人机交互操作。MCGS 还为用户提供了编程用的功能构件（称之为"脚本程序"功能构件），使用简单的编程语言，编写工程控制程序。

（6）完善菜单按钮功能 包括对菜单命令、监控器件及操作按钮的功能组态；实现历史数据、实时数据、各种曲线、数据报表及报警信息输出等功能；建立工程安全机制等。

（7）编写程序调试工程　利用调试程序产生的模拟数据，检查动画显示和控制流程是否正确。

（8）连接设备驱动程序　选定与设备相匹配的设备构件，连接设备通道，确定数据变量的数据处理方式，完成设备属性的设置。此项操作在设备窗口内进行。

（9）工程完工综合测试　最后测试工程各部分的工作情况，完成整个工程的组态工作，实施工程交接。

以上步骤只是按照组态工程的一般思路列出的，是为了帮助用户了解 MCGS 组态软件使用的一般过程，以便于用户快速学习和掌握 MCGS 工控组态软件。在实际组态中，有些过程是交织在一起进行的，用户可根据工程的实际需要和自己的习惯，调整步骤的先后顺序，而并没有严格的限制与规定。

1. 什么叫组态？
2. 什么叫属性？
3. 什么叫模拟设备？
4. 什么叫系统工作台面？
5. 图形库工具箱包括哪些工具箱？
6. 组建新工程的一般过程是什么？
7. 谈谈你计划采用什么有效的学习方法学好 MCGS 和 iFIX 组态软件。

8. MCGS 组态软件安装后，在 sample 文件夹中有组态样例，观看学习后谈谈你见过的组态案例。

视野拓展　国产组态软件发展动态

1. 国产组态软件现状

近年来，国产组态软件发展迅猛，国内工控现场应用的组态软件也很多，下面简单介绍四种国产组态软件：组态王（KingView）、实时数据库（RealHistorian）、力控（ForceControl）、杰控（FameView）。

组态王（KingView）是北京亚控科技发展有限公司（简称亚控科技）开发的通用工业组态软件。KingView 具有丰富的功能，包括 6000 余个设备采集驱动、图库、报表、报警、趋势曲线、配方、电子签名、多种场景控件、二次授权、分辨率转换、模版、多语言、C/S、B/S、移动端、多种对外数据接口等，满足用户的各类生产监控需求。KingView 具有适应性强、开放性好、自动建立 I/O 点、分布式存储报警和历史数据、易于扩展、设备集成能力强、开发周期短等优点。

实时数据库（RealHistorian）是紫金桥软件技术有限公司开发的通用工业组态软件。RealHistorian 是一款基于 C/S 和 B/S 架构的实时数据库集成应用平台，兼容 Windows、Linux、x86、ARM、MIPS，能与国产系统及国产芯片完美结合。自研高效数据引擎，单机容量超 1000 万点，读写实时数据峰值超 400 万条/s；千种以上精美图库和自定义图库可实现强大易用的画面组态；运用 HTML5 技术，无编程、无插件即可实现计算机端和手机端浏览器操作和浏览；分布式跨平台部署，同一工程可复制到不同系统中直接运行，消除异构系统间壁垒；支持 OPC UA、OPC DA、Modbus、PLC、DCS、电力规约、环保规约、智能模块和智能仪表等二十余个大类共七百余种驱动协议。

力控（ForceControl）是北京力控元通科技有限公司（简称力控科技）开发的通用监控组态软件。ForceControl 具有灵活方便的开发环境，支持分辨率自适应、一机多屏等配置；采用 GDI + 绘图技术，使图形的渲染更出色，界面的展示更美观；支持通过串口 RS232/RS485、以太网、移动 5G 等方式与现场设备进行通信，并支持与国内外主流 PLC、智能仪表、智能设备的通信与联网；提供上千种丰富的图形元素，具备丰富的"矢量"行业图库集；具备强大的报警处理能力，支持实时报警及历史查询，与微信、多媒体等进行联动；具有强大的编译及运算引擎服务，支持周期、数据改变、条件等多种类型的事件脚本。

杰控（FameView）是北京杰控科技有限公司开发的组态监控管理系统。FameView 运行稳定快速，功能强大易用，提供经济完善的自动化解决方案。特有设备数据表和快速变量索引技术，超万采集点，实际应用项目众多，适合大中小型自动化项目，大规模项目表现更佳；特有大数据高速访问网络接口技术，能提供快速搭建云管理平台的数据采集基础。

2. 国产组态软件发展趋势

目前，随着 IT（信息技术）、通信技术、控制技术、网络技术的发展和用户对工程组态的需求，国产组态软件必将向着开放性、数据交互性、组态软件与管理信息系统或领导信息系统的集成化、模块化和智能化方向发展。国产组态软件功能的升级和开发技术的快速发展将促进我国工业自动控制技术的应用，有效提高我国工业自动化产品的国际市场竞争力。

项目2

水位控制系统组态

项目目标

1. 知识目标

（1）掌握 MCGS 组态软件组建一个新工程的方法和步骤。

（2）掌握 MCGS 组态软件中五大窗口的功能和使用方法。

（3）掌握模拟设备的功能及使用方法。

（4）通过水位控制系统组态，掌握静态画面、基本动画、报警、报表、曲线和安全机制的组态方法、步骤。

2. 能力目标

（1）能运用 MCGS 组态软件组建一个新工程。

（2）能灵活使用模拟设备进行模拟调试。

（3）具备 MCGS 组态软件的基本操作使用能力。

（4）具备增加新图符的能力。

（5）初步具备工程组态能力。

3. 素质目标

（1）引导学生用"思维导图"创新思维工具边学习边总结本门课程知识体系。

（2）培养学生类比创新思维能力。

（3）培养学生沟通协调、团结协作、解决问题及总结、表达能力。

（4）弘扬工匠精神和创新精神，激励学生走技能成才、技能报国之路。

（5）养成终身自主学习组态新软件、组态新技术的习惯，不断提升获取新知识和新技能信息的能力。

➤ 任务 1　新建工程 ◀

2.1.1　建立一个新工程

1. 工程项目简介

通过一个水位控制系统的组态过程，学习如何应用 MCGS 组态软件完成一个工程。通过本项目学习，读者将应用 MCGS 组态软件建立一个比较简单的水位控制系统。本项目涉及动画制作、控制流程编写、模拟设备连接、报警输出、报表曲线显示与打印等多项组态操作。

水位控制系统需要采集两个模拟数据：液位 1（最大值 10m）、液位 2（最大值 6m）；3 个开关数据：水泵、调节阀和出水阀。

2. 工程项目组态效果

水位控制系统工程组态好后，最终效果如图 2-1 所示，工程项目运行效果可扫描二维码观看。具体组态内容描述如下：

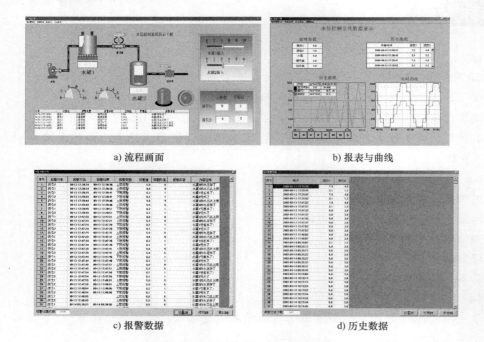

a）流程画面	b）报表与曲线

c）报警数据	d）历史数据

图 2-1　水位控制系统组态效果图

（1）水位控制系统画面构成　水位控制系统工程运行以后，首先显示的是水位控制流程画面，该画面由水泵、两个水罐、调节阀、出水阀和管道组成，配置了水位高低的指示仪表、控制器件和控制面板。

（2）水位控制系统运行流程　水从最左端的水泵抽出，经管道流入水罐 1，水罐 1 设有调节阀，当水位达到一定高度时，调节阀打开，水经管道流入水罐 2，水罐 2 设有出水阀，当水位达到一定高度时，出水阀打开，水经管道流出。

（3）水位控制系统监控功能　水罐的水位由数字式显示仪表和旋转指针式仪表指示，当水罐的水位达到限定高度时，画面显示实时报警信息。水泵起停、调节阀/出水阀的开闭和水罐的水位高低既可以手动控制，也可以自动控制。

（4）水位控制系统窗口切换　通过系统菜单和功能按钮进行窗口切换，可分别显示流程画面、报表与曲线、报警数据和历史数据等。

3. 工程项目剖析

对于一个工程设计人员来说，要想快速准确地完成一个工程项目，首先要了解工程的系统构成和工艺流程，明确主要的技术要求，搞清工程所涉及的相关硬件和软件。在此基础上，拟定组建工程的总体规划和设想，比如：控制流程如何实现，需要什么样的动画效果，应具备哪些功能，需要何种工程报表，需不需要曲线显示等。只有这样，才能在组态过程中有的放矢，尽量避免无谓的劳动，达到快速完成工程项目的目的。

（1）工程的框架结构　水位控制系统工程项目定义的名称为"水位控制系统.mcg"工程文件，由五大窗口组成。一共建立两个用户窗口，四个主菜单，分别进行水位控制、报警显示、曲线显示及数据显示，构成了水位控制系统工程的基本骨架。

（2）动画图形的制作　水位控制系统画面是工程项目首先显示的图形窗口（启动窗口），是一幅模拟系统真实工作流程并实施监控操作的动画窗口。包括：

1）水位控制系统：水泵、水罐和阀门由"对象元件库管理"调入；管道则经过动画属性设置赋予其动画功能。

2）液位指示仪表：采用数字式显示仪表和旋转指针式仪表，指示水罐的液位。

3）液位控制仪表：采用滑动式输入器，由鼠标操作滑动指针，改变水位高低。

4）报警动画显示：由"对象元件库管理"调入，用可见度实现。

（3）控制流程的实现　选用"模拟设备"及策略构件工具箱中的"脚本程序"功能构件，设置构件的属性，编制控制程序，实现水位、水泵、调节阀和出水阀的有效控制。

（4）各种功能的实现　通过MCGS提供的各类构件实现下述功能：

1）历史曲线：选用"历史曲线"构件实现。

2）历史数据：选用"历史表格"构件实现。

3）报警显示：选用"报警显示"构件实现。

4）工程报表：历史数据选用"存盘数据浏览"策略构件实现，报警历史数据选用"报警信息浏览"策略构件实现，实时报表选用"自由表格"构件实现，历史报表选用"历史表格"构件实现。

（5）输入、输出设备

1）水泵的起停：开关量输出。

2）调节阀的开闭：开关量输出。

3）出水阀的开闭：开关量输出。

4）水罐1、2液位指示：模拟量输入。

（6）其他功能的实现　工程的安全机制：分清操作人员和负责人的操作权限。

注意：在MCGS组态软件中，提出了"与设备无关"的概念。无论用户使用PLC、仪表，还是使用采集板、模块等设备，在进入工程现场前的组态测试时，均采用模拟数据进行。待测试合格后，再进行设备的硬连接，同时将采集或输出的变量写入设备构件的属性设置窗口内，实现设备的软连接，由MCGS提供的设备驱动程序驱动设备工作。以上列出的变量均采取这种办法。

4. 建立MCGS新工程

在计算机桌面上，双击"MCGS组态环境"图标，进入MCGS组态环境。图2-2所示即为MCGS系统工作台面。

选择"文件"→"新建工程"菜单命令，如图2-3a所示。如果MCGS安装在D盘根目

（略）

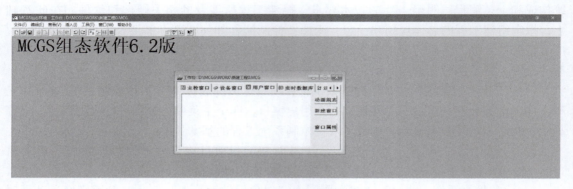

图 2-2　MCGS 系统工作台面

录下，则会在"D：\ MCGS \ Work \ "下自动生成新建工程，默认的工程名为新建工程"x. mcg"（"x"表示新建工程的顺序号，如 0、1、2 等）。

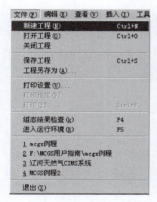 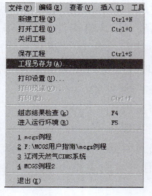 

a）"新建工程"菜单命令　　b）"工程另存为"菜单命令　　c）文件保存对话框

图 2-3　新建工程

　　选择"文件"→"工程另存为"菜单命令，如图 2-3b 所示。弹出文件保存对话框，如图 2-3c 所示，在"文件名"一栏内输入"水位控制系统"，单击"保存"按钮，即把新建的工程文件命名为"水位控制系统. mcg"，且新建工程存储路径为"D：\MCGS\Work\水位控制系统"。

　　注意：
● 工程的名称和工程存储的路径均不能含有空格。
● 建立的新工程最好存储在 Work 目录下。

规范操作意识

2.1.2　设计画面流程

1. 建立新画面

　　在 MCGS 系统工作台面单击"用户窗口"，在"用户窗口"中单击"新建窗口"按钮，则产生"窗口 0"，如图 2-4 所示。

选中"窗口0",单击"窗口属性"按钮,进入"用户窗口属性设置"对话框,如图2-5所示,将"窗口名称"改为"水位控制",将"窗口标题"也改为"水位控制","窗口位置"选择"最大化显示",其他不变,单击"确认"。

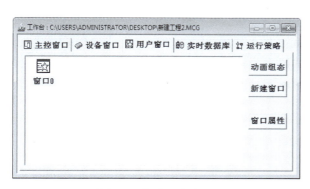

图2-4　新建用户窗口

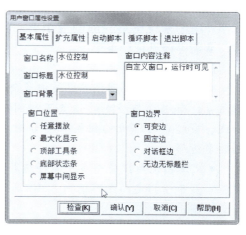

图2-5　用户窗口属性设置

选中刚创建的"水位控制"用户窗口,单击"动画组态"按钮,进入动画制作窗口,如图2-6所示。

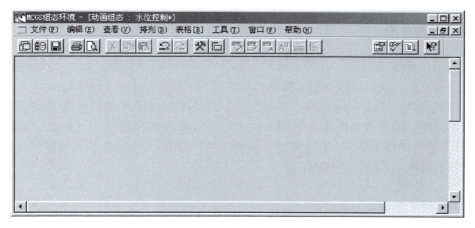

图2-6　动画制作窗口

2. 打开工具箱

单击工具条中的"工具箱"按钮 ，打开系统图形工具箱。其中 用于在编辑图形时选取用户窗口中指定的图形对象； 用于打开和关闭常用图符工具箱,常用图符工具箱包括27种常用的图符对象。系统图形工具箱和常用图符如图2-7所示。

图2-7中的系统图形工具箱是MCGS系统内部提供的,方便用户快速构图和组态,主要包括图元对象、图符对象和动画构件三种类型,统称为系统图形对象。其中第2~9个图标

对应于 8 个常用的图元对象，后 20 个图标对应于系统提供的 20 个动画构件。

不同类型的图形对象有不同的属性，所能完成的功能也各不相同。将图形对象放置在用户窗口中，就是构成用户应用系统图形界面的最小单元。各图形对象的名称、功能等详见帮助菜单。

注意：

● 折线或多边形图元对象是由多个线段或点组成的图形元素，当起点与终点的位置不相同时，该图元为一条折线；当起点与终点的位置相重合时，就构成了一个封闭的多边形。

● 文本图元对象是由多个字符组成的一行字符串，该字符串显示于指定的矩形框内。MCGS 把这样的字符串称为文本图元。

● 位图图元对象是扩展名为"bmp"的图形文件中所包含的图形对象，也可以是一个空白的位图图元。

a) 系统图形工具箱　　b) 常用图符

图 2-7　系统图形工具箱和常用图符

● MCGS 的图元是以向量图形的格式而存在的，根据需要可随意移动图元的位置和改变图元的大小（对于文本图元，只改变显示矩形框的大小，文本字体的大小并不改变；对于位图图元，也只是改变显示区域的大小，对位图轮廓进行缩放处理，而位图本身的大小并无变化）。

3. 装载背景位图

（1）装载一幅背景位图　打开工具箱，选择"工具箱"内的"位图"构件 🖼，鼠标的光标变为十字形，在窗口任何位置拖拽鼠标，拉出一个一定大小的矩形。

（2）装载位图　单击鼠标右键，在弹出的右键菜单中选择"装载位图"菜单项。弹出文件装载对话框，输入或选择需装载的文件名称，选择内部存储格式（即是否将图像保存到工程内），是否使用 JPEG 压缩（若是，设置压缩质量值）。本工程保留系统默认设置，将图像保存到工程内，不使用 JPEG 压缩。

注意：

装载的位图是流程画面的背景图，因此，背景图的选择应以不影响流程画面的展示为原则，不能喧宾夺主。

4. 制作文字框图

（1）建立文字框　打开工具箱，选择"工具箱"内的"标签"按钮 🅰，鼠标的光标变为十字形，在窗口任意位置拖拽鼠标，拉出一个一定大小的矩形。

（2）输入文字　建立矩形框后，光标在其内闪烁，可直接输入"水位控制系统演示工程"文字，按回车键或在窗口任意位置单击鼠标，文字输入过程结束。如果用户想改变矩形内的文字，先选中文字标签，按回车键或空格键，光标显示在文字起始位置，即可进行文字的修改。

5. 设置框图颜色

（1）设定文字框颜色　选中文字框，单击工具条上的 （填充色）按钮，设定文字框的背景颜色（设为无填充色）；单击 （线色）按钮改变文字框的边线颜色（设为没有边线）。设定的结果：不显示框图，只显示文字。

（2）设定文字的大小和颜色　单击 （字符字体）按钮改变文字字体和大小。单击 （字符颜色）按钮，改变文字颜色（为蓝色）。文字的颜色和字体设置如图 2-8 所示。

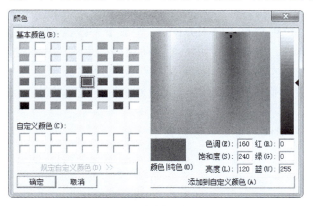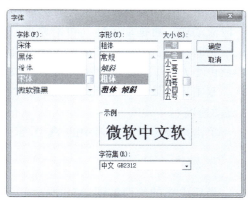

a) 颜色设置　　　　　　　　　　b) 字体设置

图 2-8　文字的颜色和字体设置

6. 对象元件库管理

选择"工具"→"对象元件库管理"菜单命令或单击工具条中的"工具箱"按钮，打开系统图形工具箱，如图 2-7 所示，工具箱中的 图标用于从对象元件库中读取存盘的图形对象， 图标用于把当前用户窗口中选中的图形对象存入对象元件库中，如图 2-9 所示。

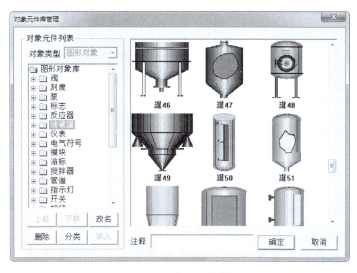

图 2-9　对象元件库管理

从"对象元件库管理"对话框中的"储藏罐"文件夹中分别选取两个储藏罐（罐 17、罐 53），单击"确定"按钮，则所选中的罐出现在界面的左上角，分别将其拖放至合适的位置，可以改变其大小。

从"对象元件库管理"对话框中的"阀"文件夹和"泵"文件夹中分别选取两个阀（阀 44、阀 58）、一个泵（泵 40），分别将其拖放至合适的位置，可以改变其大小。

流动的水是由 MCGS 系统图形工具箱中的"流动块"构件制作成的。选中系统图形工具箱内的"流动块"动画构件 。移动鼠标至窗口的预定位置（光标变为十字形），单击鼠标左键，移动鼠标，在鼠标光标后形成一道虚线，拖动一定距离后，单击鼠标左键，生成一段流动块。再拖动鼠标（可沿原来方向，也可垂直于原来方向），生成下一段流动块。结束绘制时，双击鼠标左键即可。修改流动块时，先选中流动块（流动块周围出现选中标志，即白色小方块），鼠标指针指向小方块，按住左键不放，拖动鼠标，就可调整流动块的形状。双击流动块，可在流动块构件属性设置中修改流动块的"流动外观""流动方向"和"流动速度"。

单击系统图形工具箱中的 **A** 图标，分别对阀、罐及泵进行文字注释。

7. 整体画面

最后生成的画面如图 2-10 所示。

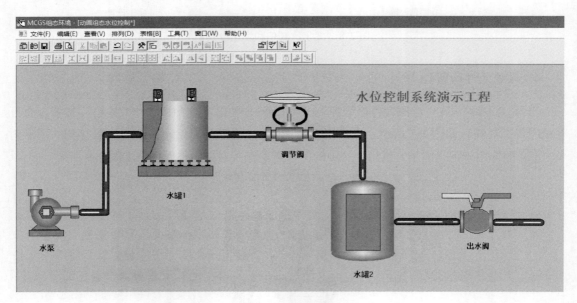

图 2-10 整体画面

选择"文件"→"保存窗口"菜单命令，则可对所完成的画面进行保存。

注意：

● 在流动块绘制过程中，如果在鼠标移动的同时按下 <Shift> 键，则流动块只能以水平或垂直的方式绘制和移动。

● 图 2-10 中的流程画面布局应考虑工程整体布局，可参照图 2-1a，以便于后期添加其他组态功能。

1. 在 MCGS 组态软件中，建立的新工程存储在哪里？
2. 如何绘制横平竖直的流动块？

➤ 任务 2　让画面动起来 ◄

在任务 1 中我们已经绘制好了静态的动画图形，本任务我们将利用 MCGS 软件中提供的各种动画属性，使图形动起来。

2.2.1　实时数据库和数据对象

1. MCGS 实时数据库概述

MCGS 中的数据不同于传统意义上的数据或变量，它不只包含了变量的数值特征，还将与数据相关的其他属性（如数据的状态、报警限值等）以及对数据的操作方法（如存盘处理、报警处理等）封装在一起，作为一个整体，以对象的形式提供服务。这种把数值、属性和方法定义成一体的数据称为数据对象（或数据变量）。

MCGS 用数据对象来表述系统中的实时数据，用对象变量代替传统意义的值变量。把用数据库技术管理的所有数据对象的集合称为实时数据库。实时数据库是 MCGS 的核心，是应用系统的数据处理中心，如图 2-11 所示，系统各个部分均以实时数据库为公用区交换数据，实现各部分协调动作。设备窗口通过设备构件驱动外部硬件设备，将采集到的数据送入实时数据库；由用户窗口组成的图形对象，与实时数据库中的数据对象建立连接关系，使图形对象的状态随着数据对象值的变化而变化，即以动画形式实现数据的可视化；运行策略通过策略构件，对数据进行操作和处理。

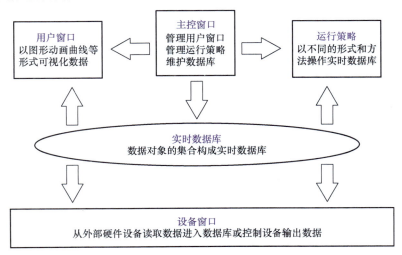

图 2-11　实时数据库的作用

在 MCGS 中，用"数据对象"表示数据，可以把"数据对象"认为是比传统变量具有更多功能的对象变量，像使用变量一样来使用数据对象，大多数情况下只需使用数据对象的名称来直接操作数据对象。

2. 数据对象的类型

在 MCGS 组态软件中，数据对象有开关型、数值型、字符型、事件型及数据组对象五种类型。不同类型的数据对象，属性不同，用途也不同。

（1）开关型数据对象　记录开关信号（0 或非 0）的数据对象称为开关型数据对象，通常与外部设备的数字量输入/输出通道连接，用来表示某一设备当前所处的状态。开关型数据对象也用于表示 MCGS 中某一对象的状态，如一个图形对象的可见度状态。

开关型数据对象没有工程单位、最大值和最小值属性，没有限值报警属性，只有状态报警属性。

（2）数值型数据对象　在 MCGS 组态软件中，数值型数据对象的数值范围是：负数 $-3.402823 \times 10^{38} \sim -1.401298 \times 10^{-45}$，正数 $1.401298 \times 10^{-45} \sim 3.402823 \times 10^{38}$。数值型数据对象除了存放数值及参与数值运算外，还提供报警信息，与外部设备的模拟量输入/输出通道连接。

数值型数据对象有限值报警属性，可同时设置下下限、下限、上限、上上限、上偏差和下偏差六种报警限值，当对象的值超过设定的限值时，产生报警；当对象的值回到所有的限值之内时，报警结束。

（3）字符型数据对象　字符型数据对象是存放文字信息（字母、数字、汉字）的单元，用于描述外部对象的状态特征，其值为多个字符组成的字符串，字符串长度最长可达 64KB。字符型数据对象没有工程单位和最大、最小值属性，也没有报警属性。

（4）事件型数据对象　事件型数据对象用来记录和标识某种事件产生或状态改变的时间信息。例如，开关量的状态发生变化，用户有按键动作，有报警信息产生等，都可以看作是一种事件发生。事件发生的信息可以直接从某种类型的外部设备获得，也可以由内部对应的功能构件提供。

事件型数据对象的值是 19 个字符组成的定长字符串："年，月，日，时，分，秒"，用来保留当前最近一次事件所产生的时刻。年用四位数字表示，月、日、时、分、秒分别用两位数字表示，之间用逗号分隔。如"2019，02，06，12，45，56"表示该事件产生于 2019 年 2 月 6 日 12 时 45 分 56 秒。当相应的事件没有发生时，该对象的值固定设置为"1970，01，01，08，00，00"。

事件型数据对象没有工程单位、最大值和最小值属性，没有限值报警，只有状态报警，不同于开关型数据对象，事件型数据对象对应的事件产生一次，其报警也产生一次，且报警的产生和结束是同时完成的。

此类型数据对象需要配合特殊构件使用，所以事件型对象一般不使用。

（5）数据组对象　数据组对象是 MCGS 引入的一种特殊类型的数据对象，类似于一般编程语言中的数组和结构体，用于把相关的多个数据对象集合在一起，作为一个整体来定义和处理。例如：描述一个水位控制系统的工作状态有液位1、液位2两个物理量，为便于处理，定义"液位组"为一个组对象，用来表示"液位"这个实际的物理对象，其内部成员则由上述物理量对应的数据对象（液位1、液位2）组成，这样，在对"液位"对象进行处理（如：组态存盘、曲线显示或报警显示）时，只需指定组对象的名称"液位组"，就包括了对其所有成员的处理。

组对象只是在组态时对某一类对象的整体表示方法，实际的操作则是针对每一个成员进行的。如在报警显示动画构件中，指定要显示报警的数据对象为组对象"液位组"，则该构件显示组对象包含的各个数据对象在运行时产生的所有报警信息。

数据组对象是单一数据对象的集合，一般包含两个以上的数据对象，但不能包含其他的数据组对象。一个数据对象可以是多个不同组对象的成员。在 MCGS 系统工作台面单击"实时数据库"，新建一个数据对象，将其类型定义成组对象后，还必须定义组对象所包含的成员。如图2-12所示，在"数据对象属性设置"对话框内，设有"组对象成员"选项卡，用来定义组对象的成员。图中左边为所有数据对象的列表，右边为组对象成员列表。利用选项卡中的"增加"按钮，可以把左边指定的数据对象增加到组对象成员中；"删除"按钮则把右边指定的组对象成员删除。组对象没有工程单位、最大值、最小值属性，组对象本身没有报警属性。

图2-12 数据对象属性设置

2.2.2 定义数据对象

实时数据库是 MCGS 工程的数据交换和数据处理中心。数据对象是构成实时数据库的基本单元，建立实时数据库的过程也就是定义数据对象的过程。定义数据对象的内容主要包括：指定数据对象的名称、类型、初始值和数值范围，确定与数据对象存盘相关的参数，如存盘的周期、存盘的时间范围和保存期限等。下面介绍水位控制系统数据对象的定义步骤。

1. 分析系统所需数据对象

表2-1列出了水位控制系统项目工程中与动画和设备控制相关的所有变量名称。这些数据对象均需要建立在实时数据库里，既可以在使用之前全部建好，也可以在使用过程中逐一建立。

表2-1 水位控制系统相关数据对象名称一览表

数据对象名称	类 型	注 释
水泵	开关型	控制水泵"起动""停止"的变量
调节阀	开关型	控制调节阀"打开""关闭"的变量
出水阀	开关型	控制出水阀"打开""关闭"的变量
液位1	数值型	水罐1的水位高度，用来控制水罐1水位的变化
液位2	数值型	水罐2的水位高度，用来控制水罐2水位的变化
液位1上限	数值型	用来在运行环境下设定水罐1的上限报警值
液位1下限	数值型	用来在运行环境下设定水罐1的下限报警值

（续）

数据对象名称	类　型	注　释
液位2上限	数值型	用来在运行环境下设定水罐2的上限报警值
液位2下限	数值型	用来在运行环境下设定水罐2的下限报警值
液位组	组对象	用于历史数据、历史曲线、报表输出等功能构件

单击工作台的"实时数据库"窗口标签，进入实时数据库窗口。

单击"新增对象"按钮，在窗口的数据对象列表中，增加新的数据对象，多次按该按钮，则增加多个数据对象，系统默认定义的名称为"InputETime1""InputETime2""InputE-Time3"等。

选中数据对象，单击"对象属性"按钮或双击选中数据对象，则打开数据对象属性设置对话框。

2. 数据对象属性设置

在数据对象属性设置对话框中，用户将系统定义的默认名称改为用户定义的名称，并指定类型，在注释栏中输入数据对象注释文字。

以"水泵"数据对象为例，如图2-13所示。在"基本属性"选项卡中，将"对象名称"修改为"水泵"，将"对象类型"修改为"开关"，其他不变，单击"确认"按钮即可。调节阀、出水阀开关型变量的属性设置与水泵类似，把"对象名称"分别改为"调节阀""出水阀"，"对象类型"选择"开关"，其他属性不变。其属性设置如图2-14、图2-15所示。

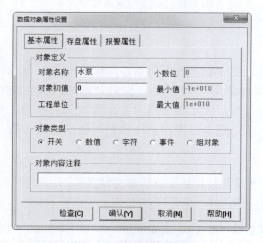

图2-13　水泵属性设置

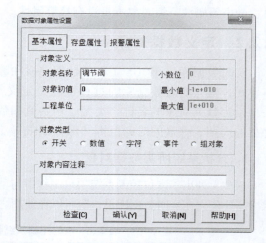

图2-14　调节阀属性设置

再以"液位1"数据对象为例，如图2-16所示。在"基本属性"选项卡中，将"对象名称"修改为"液位1"，将"对象类型"修改为"数值"，其他不变，单击"确认"按钮即可。"液位2"数据对象的属性设置与"液位1"类似，如图2-17所示。

而对于液位组数据对象的属性设置，步骤稍复杂。首先，如图2-18所示，在"基本属性"选项卡中，将"对象名称"改为"液位组"，将"对象类型"改为"组对象"，其他不变；然后，如图2-19所示，在"存盘属性"选项卡中，将"数据对象值的存盘"选为"定时存盘",存盘周期设为"5"秒。然后,如图2-20所示,在"组对象成员"中选项卡中增加"液位1"和"液位2"为组对象成员。

注意:

● 数据对象的名称中不能带有空格,否则会影响该数据对象的存盘数据读取。

● 数据对象名称的字符个数≤32,汉字个数≤16。数据对象名称的首字不能为"!""$"以及数字0~9。

● 数据对象在工程中应用后,该数据对象名称即呈灰色,不能修改,只能选择"工具"→"数据对象名替换"菜单命令进行替换修改,整个工程链接也随之改变。

● 在添加组对象成员时,只能添加同类型变量,不能添加其他组变量。

图2-15　出水阀属性设置

图2-16　液位1属性设置

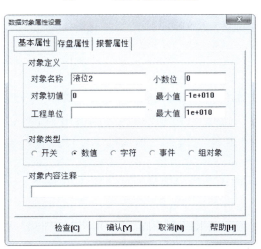

图2-17　液位2属性设置

图2-18　液位组基本属性设置

3. 数据对象的作用域

实时数据库中定义的数据对象都是全局性的,MCGS各个部分都可以对数据对象进行操作,通过数据对象来交换信息和协调工作。数据对象的各种属性在整个运行过程中都保持有效。如水位控制系统中的液位1、液位2,在组态实时曲线、实时报表及动画流程中都是同一变量。

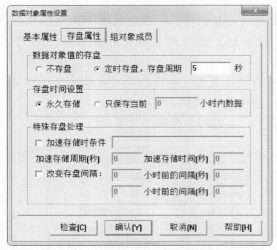

图 2-19 液位组存盘属性设置   图 2-20 液位组组对象成员设置

2.2.3 动画连接

由图形对象搭制而成的图形界面是静止不动的,需要对这些图形对象进行动画设计,真实地描述外界对象的状态变化,达到过程实时监控的目的。MCGS 实现图形动画设计的主要方法是将用户窗口中图形对象与实时数据库中的数据对象建立相关连接,在不同的数值区间内设置不同的图形状态属性(如颜色、大小、位置移动、可见度或闪烁效果等),将物理对象的特征参数以动画图形方式来进行描述,在系统运行过程中,图形对象的外观和状态特征由数据对象的实时采集值驱动,从而实现图形的动画效果。

1. 水罐动画连接

(1)水罐1动画连接 在用户窗口中,双击水位控制窗口进入,选中水罐1并双击,则弹出"单元属性设置"对话框。在"动画连接"选项卡中选中折线,则会出现 ▶ ,单击 ▶ 则进入"动画组态属性设置"对话框,按图 2-21 修改,其他属性不变。设置好后连续单击"确认"按钮,变量连接成功。

在"表达式"一栏中,"@数值量"是系统图库中数值类图形的默认连接表达式,它表示此图形的连接数据变量或表达式必须是数值型。

在"大小变化连接"中需设定最小变化百分比、最大变化百分比及其所对应的表达式的值,系统运行中,系统采用线性插值的方法,由连接变量的实时值确定变化的百分比,从而显示水位的高低。

图形对象大小变化方向有以下七种:

1) ⬆ 以下边界为基准,沿着从下到上的方向发生变化。

2) ⬇ 以上边界为基准,沿着从上到下的方向发生变化。

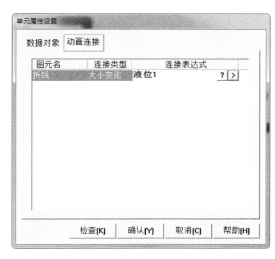 

图 2-21　水罐 1 动画连接

3）　以左边界为基准，沿着从左到右的方向发生变化。

4）　以右边界为基准，沿着从右到左的方向发生变化。

5）　以中心点为基准，沿 X 方向和 Y 方向同时变化。

6）　以中心点为基准，只沿 X（左右）方向变化。

7）　以中心点为基准，只沿 Y（上下）方向变化。

改变图形对象大小的变化方式有两种：一是按比例整体剪切，显示图形对象的一部分，称为剪切方式，即图形的高和宽不会同时变化，按照百分比，只改变其中之一。二是按比例整体缩小或放大，称为缩放方式，即图形的几何形状不变。这两种方式都以图形对象的实际大小为基准的。

（2）水罐 2 动画连接　对于水罐 2，只需要把"液位 1"改为"液位 2"，"最大变化百分比"设为"100"，对应的表达式的值由"10"改为"6"即可。设置好后如图 2-22 所示。

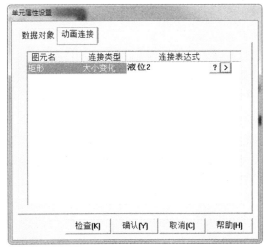 

图 2-22　水罐 2 动画连接

2. 调节阀、水泵和出水阀动画连接

（1）调节阀动画连接 在用户窗口中，双击水位控制窗口进入，选中调节阀并双击，则弹出"单元属性设置"对话框。在"动画连接"选项卡中选中组合图符，则会出现 [>]，单击 [>] 则进入"动画组态属性设置"对话框，按图 2-23 修改，其他属性不变。设置好后连续单击"确认"按钮，数据对象连接成功。

图 2-23 调节阀动画连接

在"数据对象值操作"一栏中，指定数据对象的值有三种状态：置1、清0、取反；操作对象默认为"@开关量"，"@开关量"是系统图库中开关类图形的默认连接表达式，它表示此图形的连接数据对象或表达式必须是开关型，这里操作对象是"调节阀"。

（2）水泵动画连接 水泵属性设置跟调节阀属性设置类似，不再赘述。

（3）出水阀动画连接 在用户窗口中，双击水位控制窗口进入，选中出水阀并双击，则弹出"单元属性设置"对话框。在"动画连接"选项卡中选中组合图符，则会出现 [>]，单击 [>] 则进入"动画组态属性设置"对话框，按图 2-24 修改，其他属性不变。设置好后连续单击"确认"按钮，数据对象连接成功。

图 2-24　出水阀动画连接

3. 流动块动画连接

在用户窗口中，双击水位控制窗口进入，选中水泵右侧的流动块并双击，则弹出"流动块构件属性设置"对话框。把"表达式"一栏修改为"水泵=1"，其他属性不变。对于水罐1右侧的流动块与水罐2右侧的流动块，在"流动块构件属性设置"对话框中，只需要把"表达式"相应改为"调节阀=1""出水阀=1"即可，如图2-25所示。图中如果勾选"当停止流动时，绘制流体。"，则当水泵=0时，水泵右侧的流动块停止流动，但是流动块中有静止流体。如果取消勾选"当停止流动时，绘制流体。"，则当水泵=0时，水泵右侧的流动块停止流动，但是流动块中没有流体。

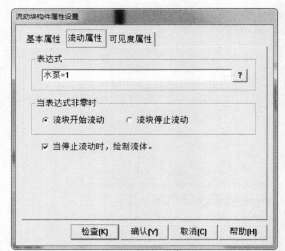
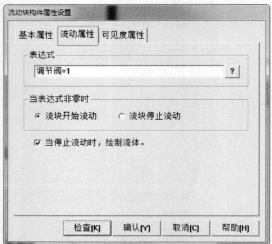
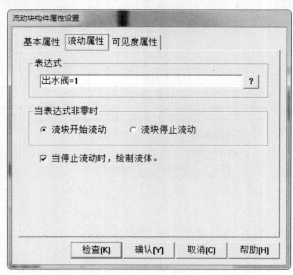

图2-25 流动块动画连接

至此动画连接就完成了，先让工程运行起来，看看我们自己的劳动成果。选择"文件"→"进入运行环境"菜单命令或直接按<F5>键或直接单击工具条中 📟 图标，都可以进入运行环境。如图 2-26 所示，选择"系统管理"→"用户窗口管理"菜单命令，再勾选"水位控制"窗口，即可看到水位控制系统组态运行结果了。

这时我们看见的画面并不能动，移动鼠标到"水泵""调节阀""出水阀"上面的红色部分，会出现一只"小手"，单击一下，红色部分变为绿色，同时流动块相应地运动起来。但水罐仍没有变化，这是由于我们没有信号输入，也没有人为地改变其值。扫描二维码可观看鼠标单击手动控制运行效果。

如果进入运行环境之后想自动运行"水位控制"，我们还需要进行设置。返回工作台，在用户窗口中选中水位控制窗口，单击鼠标右键，选择"设置为启动窗口"，如图 2-27 所示，这样工程运行后会自动进入水位控制窗口。

鼠标单击手动
控制运行效果

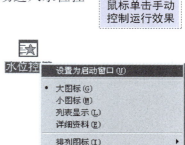

图 2-26　运行窗口选择

图 2-27　启动窗口设置

4. 滑动输入器动画连接

怎么使水罐的液位也动起来呢？在水罐动画连接中，水罐 1、水罐 2 分别与数据对象"液位 1""液位 2"连接，我们可以用两个滑动输入器分别改变"液位 1"和"液位 2"的数值，从而改变水罐 1 和水罐 2 的液位值。

（1）滑动输入器背景组态　先在"工具箱"中单击"常用符号"构件，选中凹平面图标 ▢ ，当鼠标变为十字形后，拖动鼠标到适当大小。再选中矩形图标 ▢ （不是按钮！），在凹平面上拖动适当大小，留出凹平面四周轮廓。

然后双击矩形进入属性设置对话框，单击填充颜色下拉框，选中"填充效果"，在渐进选项卡中选择双色，设置"颜色 1"为蓝灰色，"颜色 2"为白色。"底纹样式"选择"横向"，选择变形的第一个样式效果（从上到下，由颜色 1 向颜色 2 渐变）。填充效果如图 2-28 所示。

（2）滑动输入器动画连接　在"工具箱"中选中滑动输入器图标 ▣ ，当鼠标变为十字形后，放置在"填充效果"框内，拖动鼠标到适当大小，双击进入"滑动输入器构件属性设置"对话框，具体操作如图 2-29 所示，以液位 1 为例：

在"滑动输入器构件属性设置"对话框的"操作属性"选项卡中，把"对应数据对象的名称"改为"液位 1"，可以通过单击 ▣ 图标，到实时数据库中选择"液位 1"，也可以自行输入"液位 1"，为了避免输入错误，建议通过单击 ▣ 图标选择数据对象；将"滑块在最右（下）边时对应的值"改为"10"。

在"滑动输入器构件属性设置"对话框的"基本属性"选项卡中，"滑块指向"选择"指向左（上）"，其他不变。

在"滑动输入器构件属性设置"对话框的"刻度与标注属性"选项卡中，把"主划线数目"改为"5"，即能被10整除，其他不变。

再从"工具箱"中选中滑动输入器图标 ，也放置在"填充效果"框内，拖动鼠标到适当大小，双击进入"滑动输入器构件属性设置"对话框，连接数据对象为"液位2"，其他属性设置与"液位1"类似。全部设置好后，效果如图2-29所示。

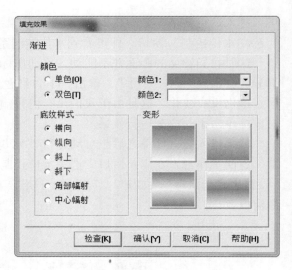

图 2-28 填充效果

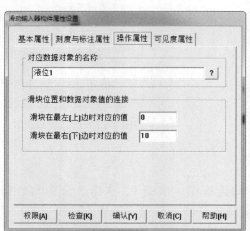

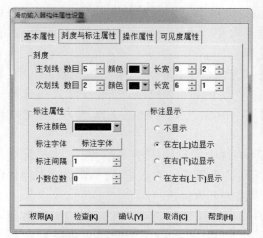

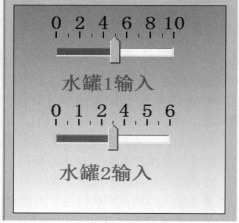

图 2-29 滑动输入器动画连接

这时再按 < F5 > 键或直接单击工具条中 ▣ 图标，进入运行环境后，可以通过拉动滑动输入器而使水罐中的液面动起来。扫描二维码可观看滑动输入器手动控制运行效果。

5. 显示仪表动画连接

为了能准确了解水罐1、水罐2的液位值，我们可以用数字显示仪表和旋转指针式仪表显示其值。

（1）数字显示仪表动画连接　数字显示仪表组态具体操作如下：

在"工具箱"中单击"标签"图标 **A**，调整大小放在水罐1下面，双击该标签进入"动画组态属性设置"对话框，先进行静态属性设置，如图2-30所示。勾选"显示输出"项，窗口顶端多出一个窗口标签"显示输出"，再单击"显示输出"标签，进行各项属性设置。水罐2的液位显示组态与此类似。

滑动输入器手动控制运行效果

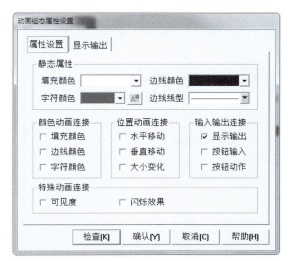
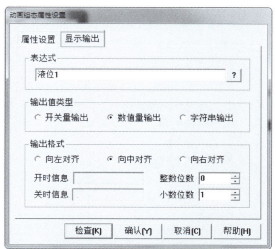

图 2-30　标签动画连接

在"显示输出"选项卡中，"小数位数"如果设置为"0"，运行环境下将该数值显示为整数；否则将显示带有 N 位小数的数值。

由图2-30可知，每一个图元、图符可以定义4类11种动画属性，最后的动画效果是多种动画属性的组合。在组态配置中，应当避免相互矛盾的属性设置，例如，当一个图元、图符对象处于不可见状态时，其他各种动画效果就无法体现出来。

（2）旋转指针式仪表动画连接　工业现场一般都有指针式仪表显示装置，如果用户需要在动画界面中模拟现场的仪表运行状态，可以用"旋转仪表"轻松实现，具体操作如下：

在"工具箱"中单击"旋转仪表"图标 ◎，调整大小分别放置在水罐1、水罐2下面，双击进行属性设置，如图2-31所示。

这时再按 < F5 > 键或直接单击工具条中 ▣ 图标，进入运行环境后，拉动滑动输入器使整个画面动起来，同时，数字显示仪表和旋转指针式仪表都能正确显示水罐1和水罐2的液位值。

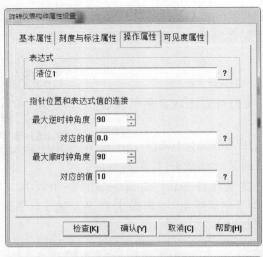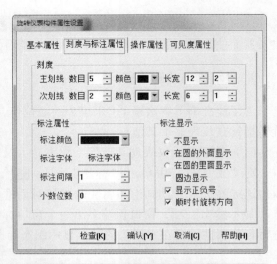

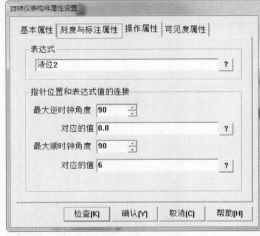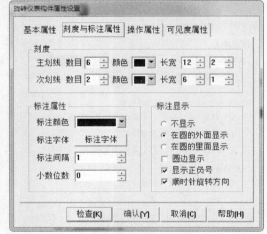

图 2-31 旋转指针式仪表动画连接

2.2.4 模拟设备

模拟设备可根据设置的参数产生一组模拟曲线的数据，以供用户调试工程使用。本构件可以产生标准的正弦波、方波、三角波和锯齿波信号，且其幅值和周期都可以任意设置。

现在我们通过模拟设备，可以使动画自动运行起来，而不需要手动操作，具体操作如下：

返回到工作台，在"设备窗口"中双击"设备窗口"进入，单击工具条中的"工具箱" 图标，打开"设备工具箱"，如图 2-32 所示。

如果在"设备工具箱"中没有发现"模拟设备"，可单击"设备工具箱"中的"设备管理"按钮进入。在"可选设备"中可以看到 MCGS 组态软件所支持的大部分硬件设备。在"通用设备"中选择"模拟数据设备"，双击"模拟设备"，单击"确认"按钮，在"设备工具箱"中就会出现"模拟设备"，双击"模拟设备"，则会在"设备窗口"中增加"模拟设备"。

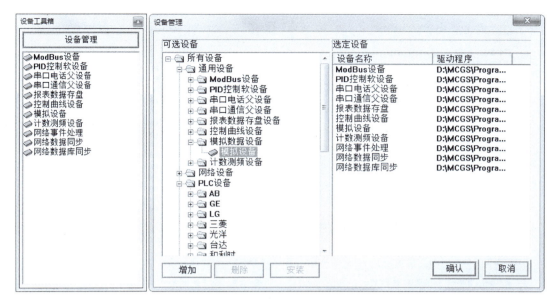

图 2-32　设备工具箱

双击设备窗口中的 ◈设备0--[模拟设备]，进行模拟设备属性设置，如图 2-33 所示，具体操作如下：

在"设备属性设置"对话框的"基本属性"选项卡中，单击"内部属性"，会出现 ⋯ 图标，单击进入"内部属性"对话框进行设置，把通道 1 的最大值设为 10，通道 2 的最大值设为 6，其他不变，设置好后单击"确认"按钮退回"基本属性"选项卡。在"通道连接"选项卡中"对应数据对象"中输入变量，通道 0 对应输入液位 1，通道 1 对应输入液位 2，或在所要连接的通道中单击鼠标右键，到实时数据库中选中"液位 1""液位 2"，双击也可把选中的数据对象连接到相应的通道。在"设备调试"选项卡中可看到数据变化。

模拟设备控制
运行效果

这时再进入运行环境，就会发现"水位控制系统"自动地运行起来了，但美中不足的是阀门不会根据水罐中的水位变化自动开启。扫描二维码可观看模拟设备控制运行效果。

2.2.5　编写控制流程

如果想让水泵、调节阀和出水阀根据水罐中的水位变化而自动开启或关闭，就需要运用脚本程序编写控制流程。

用户脚本程序是由用户编制的、用来完成特定操作和处理的程序。脚本程序的编程语法非常类似于普通的 Basic 语言，但在概念和使用上更简单直观，力求使大多数普通用户都能正确、快速地掌握和使用。

对于大多数简单的应用系统，MCGS 的简单组态就可完成。只有比较复杂的系统，才需要使用脚本程序，但正确地编写脚本程序可简化组态过程，大大提高工作效率，优化控制过程。

那么，如何编写脚本程序来实现控制流程呢？

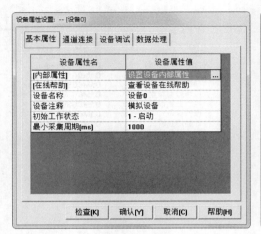

图 2-33　模拟设备属性设置

假设要完成的逻辑关系为：当"水罐 1"的液位达到 9m 时，就要把"水泵"关闭，否则就要自动启动"水泵"。当"水罐 2"的液位不足 1m 时，就要自动关闭"出水阀"，否则自动开启"出水阀"。当"水罐 1"的液位高于 1m，同时"水罐 2"的液位低于 6m 时，就要自动开启"调节阀"，否则自动关闭"调节阀"。具体操作如下：

返回到工作台，在"运行策略"中，双击"循环策略"进入，双击 图标进行策略属性设置，如图 2-34 所示，只需要把"循环时间"设为 200ms，单击"确认"按钮即可。

一个工程项目必须有一个循环策略，定

图 2-34　循环策略属性设置

时循环执行的循环时间默认值为"60000"，时间单位为 ms。

在策略组态中，单击工具条中的"新增策略行"图标 ，则显示如图 2-35 所示：每个策略行都由两种类型的构件串接而成，前端为条件构件，后端为策略构件。有关策略行、策略块的结构和功能组态详见帮助菜单。

在策略组态中，如果没有出现策略工具箱，可单击工具条中的"工具箱"图标 ，弹出"策略工具箱"窗口，如图 2-36 所示。

图 2-35　新增策略行

单击"策略工具箱"中的"脚本程序"，把鼠标移出"策略工具箱"窗口，会出现一个小手，把小手放在策略构件 上，单击鼠标左键，则显示如图 2-37 所示。

图 2-36　策略工具箱

图 2-37　脚本程序策略行

双击 进入脚本程序编辑环境，如图 2-38 所示，输入以下脚本程序：

图 2-38　水位控制流程脚本程序

```
IF 液位 1 < 9 THEN
    水泵 = 1
ELSE
    水泵 = 0
ENDIF
IF 液位 2 < 1 THEN
    出水阀 = 0
ELSE
    出水阀 = 1
ENDIF
IF 液位 1 > 1 and   液位 2 < 6 THEN
    调节阀 = 1
ELSE
    调节阀 = 0
ENDIF
```

输入完成后单击"确定"按钮退出，脚本程序就编写好了，这时再进入运行环境，就会按照用户所需要的控制流程，出现相应的动画效果。

扫描二维码可观看脚本程序运行效果。

有关脚本程序编辑环境和脚本程序详见项目 3。

脚本程序
运行效果

想一想，做一做

1. 什么是数据对象？数据对象的命名规则是什么？

2. 数据对象有哪几种类型？

3. 什么是组对象？定义并使用组对象时应注意哪些问题？

4. 在图 2-21 中，如果把"最大变化百分比"的数值"100"改成"10"，组态运行结果如何？

5. 在循环策略属性设置中，循环时间默认值是 60000ms，如果忘记修改此数值，组态运行效果如何？

6. 你能改变水罐液位变化的快慢吗？你能改变水罐液位的最大值吗？

7. 试组态完成：当"液位 1">5 时，数字显示仪表中数字颜色为红色，否则为绿色；当"液位 2">3 时，数字显示仪表中数字颜色为红色，否则为绿色。

8. 自行创意设计一个新图符并添加到图库中。

➤➤ 任务 3　报警显示与报警数据 ◄◄

MCGS 把报警处理作为数据对象的属性，封装在数据对象内，由实时数据库来自动处理。当数据对象的值或状态发生改变时，实时数据库判断对应的数据对象是否发生了报警或已产生的报警是否已经结束，并把所产生的报警信息通知给系统的其他部分，同时，实时数据库根据用户的组态设定，把报警信息存入指定的存盘数据库文件中。

2.3.1　定义报警

定义报警的具体操作如下：

对于"液位1"变量，在实时数据库中，双击"液位1"，弹出"数据对象属性设置"对话框，如图2-39所示，在"报警属性"选项卡中，选中"允许进行报警处理"；在"报警设置"中选中"上限报警"，把报警值设为"9"（单位：m）；"报警注释"为"水罐1的水已达上限值"；在"报警设置"中选中"下限报警"，把报警值设为"1"（单位：m）；报警注释为"水罐1没水了"。在"存盘属性"选项卡中，选中"自动保存产生的报警信息"。属性设置好后，单击"确认"按钮即可。

对于"液位2"变量来说，只需要把"上限报警"的报警值设为"4"（单位：m），其他一样。

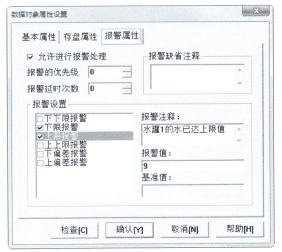 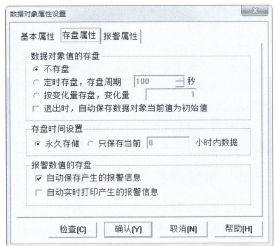

图2-39　数据对象属性设置

2.3.2　实时报警显示

实时数据库只负责关于报警的判断、通知和存储三项工作，而报警产生后所要进行的其他处理操作（报警确认，即对报警动作的响应），则需要用户在组态时实现。

具体操作如下：

在MCGS组态平台上，单击"用户窗口"，在"用户窗口"中，选中"水位控制"窗口，双击"水位控制"或单击"动画组态"进入。在工具条中单击"工具箱"，弹出"工具箱"，从"工具箱"中单击"报警显示"图标，鼠标变为十字形后拖动到适当位置，拖动为适当大小。图2-40所示即为实时报警显示窗口。

时间	对象名	报警类型	报警事件	当前值	界限值	报警描述
10-14 15:00:09.Data0	上限报警	报警产生	120.0	100.0	Data0上限报警
10-14 15:00:09.Data0	上限报警	报警结束	120.0	100.0	Data0上限报警
10-14 15:00:09.Data0	上限报警	报警应答	120.0	100.0	Data0上限报警

图 2-40　实时报警显示窗口

报警显示构件在可见的状态下，类似一个列表框，将系统产生的报警事件逐条显示出来，其层次永远处于最前面，不可更改。

组态时，在用户窗口中双击报警显示构件可将其激活，进入该构件的编辑状态。在编辑状态下，用户可以用鼠标自由改变各显示列的宽度，对不需要显示的信息，将其列宽设置为零即可。在编辑状态下，再双击报警显示构件，将弹出图 2-41 所示对话框。

在"报警显示构件属性设置"对话框中，把"对应的数据对象的名称"改为"液位组"，"最大记录次数"设为"6"，其他不变。单击"确认"按钮后，则报警显示设置完毕。

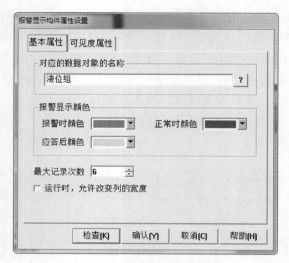

图 2-41　报警显示构件属性设置

此时按＜F5＞键或直接单击工具条中 ▣ 图标，进入运行环境，可以发现报警显示已经轻松地实现了。

2.3.3　报警数据

在报警定义时，我们已经设置当有报警产生时，自动保存产生的报警信息，这时我们可以通过如下操作，查看是否有报警数据存在。

具体操作如下：

在"运行策略"中，单击"新建策略"，弹出"选择策略的类型"对话框，选中"用户策略"，单击"确定"按钮，如图 2-42所示。

选中"策略1"，单击"策略属性"按钮，弹出"策略属性设置"对话框，把"策略名称"设为"报警策略"，"策略内容注释"设为"水罐的报警数据"，单击"确认"按钮，如图 2-43 所示。

选中"报警策略"，单击"策略组态"按钮，在策略组态中，单击工具条中的"新增策略行"图标 ▤，新增加一个策略行。再从"策略工具箱"中选取"报警信息浏览"，加到策略行 ▭ 上，单击鼠标左键，则显示如图 2-44 所示。

双击图 2-44 中的 ▲ 图标，弹出"报警信息浏览构件属性设置"对话框，如图 2-45 所示。在"基本属性"选项卡中，把"报警信息来源"中的"对应数据对象"改为"液位组"。单击"确认"按钮设置完毕。

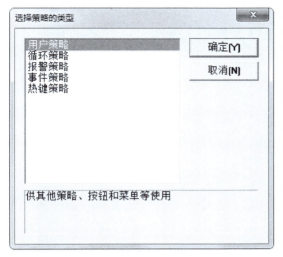

图2-42　新建用户策略

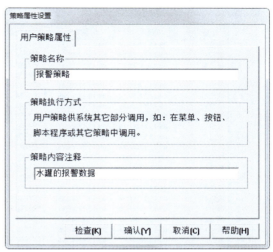

图2-43　报警数据用户策略属性设置

单击图2-45中的"测试"按钮，进入"报警信息浏览"对话框，如图2-46所示。

退出策略组态时，会弹出图2-47所示对话框，单击"是"按钮，就可对所做设置进行保存。

图2-44　报警信息浏览策略行

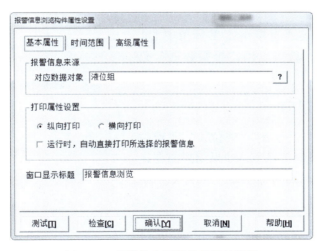

图2-45　报警信息浏览构件属性设置

如何在运行环境中看到刚才的报警数据呢？请按如下步骤操作：

在MCGS组态平台上，单击"主控窗口"，在"主控窗口"中，选中"主控窗口"，单击"菜单组态"。单击工具条中的"新增菜单项"图标 ，会产生"操作0"菜单。双击"操作0"菜单，弹出"菜单属性设置"对话框。在"菜单属性"选项卡中将"菜单名"设为"报警数据"，如图2-48a所示。在"菜单操作"选项卡中选中"执行运行策略块"，选中"报警策略"，如图2-48b所示。单击"确认"设置完毕。

报警信息浏览

序号	报警对象	报警开始	报警结束	报警类型	报警值	报警限值	报警应答	内容注释
1	液位2	09-13 17:39:34	09-13 17:39:36	上限报警	5.9	5		水罐2的水足够了
2	液位1	09-13 17:39:34	09-13 17:39:36	上限报警	9.8	9		水罐1的水已达上限
3	液位1	09-13 17:39:39	09-13 17:39:41	下限报警	0.2	1		水罐1没有水了!
4	液位2	09-13 17:39:39	09-13 17:39:41	下限报警	0.1	1		水罐2没水了
5	液位1	09-13 17:39:44	09-13 17:39:46	上限报警	9.8	9		水罐1的水已达上限
6	液位2	09-13 17:39:44	09-13 17:39:46	上限报警	5.9	5		水罐2的水足够了
7	液位1	09-13 17:39:49	09-13 17:39:51	下限报警	0.2	1		水罐1没有水了!
8	液位2	09-13 17:39:49	09-13 17:39:51	下限报警	0.1	1		水罐2没水了
9	液位1	09-13 17:47:19	09-13 17:47:21	上限报警	9.8	9		水罐1的水已达上限
10	液位2	09-13 17:47:19	09-13 17:47:21	上限报警	5.9	5		水罐2的水足够了
11	液位1	09-13 17:47:24	09-13 17:47:26	下限报警	0.2	1		水罐1没有水了!
12	液位2	09-13 17:47:24	09-13 17:47:26	下限报警	0.1	1		水罐2没水了
13	液位2	09-13 17:47:29	09-13 17:47:31	上限报警	5.9	5		水罐2的水足够了
14	液位1	09-13 17:47:29	09-13 17:47:31	上限报警	9.8	9		水罐1的水已达上限
15	液位2	09-13 17:47:34	09-13 17:47:36	下限报警	0.1	1		水罐2没水了
16	液位1	09-13 17:47:34	09-13 17:47:36	下限报警	0.2	1		水罐1没有水了!
17	液位1	09-13 17:47:39	09-13 17:47:41	上限报警	9.8	9		水罐1的水已达上限
18	液位2	09-13 17:47:39	09-13 17:47:41	上限报警	5.9	5		水罐2的水足够了
19	液位1	09-13 17:47:44	09-13 17:47:46	下限报警	0.2	1		水罐1没有水了!
20	液位2	09-13 17:47:44	09-13 17:47:46	下限报警	0.1	1		水罐2没水了
21	液位1	09-13 17:47:49	09-13 17:47:51	上限报警	9.8	9		水罐1的水已达上限
22	液位2	09-13 17:47:49	09-13 17:47:51	上限报警	5.9	5		水罐2的水足够了
23	液位1	09-13 17:47:54	09-13 17:47:56	下限报警	0.2	1		水罐1没有水了!
24	液位2	09-13 17:47:54	09-13 17:47:56	下限报警	0.1	1		水罐2没水了
25	液位1	09-13 17:47:59	09-13 17:48:01	上限报警	9.8	9		水罐1的水已达上限
26	液位2	09-13 17:47:59	09-13 17:48:01	上限报警	5.9	5		水罐2的水足够了
27	液位1	09-13 17:48:04	09-13 17:48:06	下限报警	0.2	1		水罐1没有水了!
28	液位2	09-13 17:48:04	09-13 17:48:06	下限报警	0.1	1		水罐2没水了
29	液位2	09-13 17:48:09		上限报警	5.9	5		水罐2的水足够了
30	液位1	09-13 17:48:09		上限报警	9.8	9		水罐1的水已达上限

报警记录次数 30   设置[S] 打印[P] 退出[X]

图2-46 报警信息浏览

至此,按<F5>键或直接单击工具条中 ▣ 图标,进入运行环境,就可以用"报警数据"菜单打开报警历史数据。

2.3.4 修改报警限值

在"实时数据库"中,对"液位1""液位2"的上下限报警值都定义好了,如果用户想在运行环境下根据实际情况随时需要改变报警上下限值,又如何实现呢?

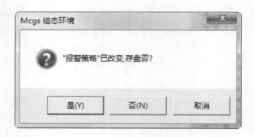

图2-47 策略组态保存

1. 了解系统函数

在MCGS系统内部定义了一些供用户直接使用的系统函数,直接用于表达式和用户脚本程序中,完成特定的功能,用户可根据组态需要灵活地进行运用。系统函数以"!"符号开头,以区别于用户自定义的数据对象。

函数中各个参数之间需用英文的","分隔,如果使用中文的","分隔,MCGS将提示组态错误。

(1)系统函数的分类和功能 MCGS系统函数分为11类,每种函数的功能见表2-2。MCGS提供的所有系统函数的种类、格式和功能说明详见帮助菜单。

a)   b)

图 2-48　菜单属性设置

表 2-2　MCGS 内部系统函数分类和功能一览表

序　号	分　　　类		功　　　能
1	运行环境操作函数	窗口操作函数	完成对窗口的操作，取得窗口状态，获得窗口名，控制窗口的打开和关闭等
		设备操作函数	完成设备状态的查询和对设备进行操作
		策略操作函数	执行与运行策略相关的功能
2	数据对象操作函数	事件操作函数	获取事件的发生时间和相关说明
		报警操作函数	完成对报警的应答和对报警数据的操作
		存盘操作函数	完成对存盘数据的多种处理任务
3	用户登录操作函数	用户权限操作函数	管理系统使用的权限
4	字符串操作函数		完成字符串的处理任务
5	定时操作函数		完成对系统定时器的控制任务
6	系统操作函数		完成一些高级功能，如执行外部应用程序、给当前激活的应用程序发送击键消息、控制脚本程序的执行、设定系统时间等
7	数学函数		完成一些数学运算
8	文件操作函数		完成文件的复制、删除等功能
9	ODBC 数据库操作函数		完成对 ODBC 数据库的操作
10	配方操作函数		完成用户对配方的处理工作
11	时间运算函数		完成系统的时间转换任务

（2）系统函数示例

1）!AnswerAlm（DatName）

此函数为应答报警函数，其中，"DatName"是数据对象名，即应答数据对象 DatName 所产生的报警。

例如，!AnswerAlm（液位 1），即应答数据对象"液位 1"所产生的报警。

2）!SetAlmValue（DatName，Value，Flag）

此函数为设置报警限值函数，设置数据对象 DatName 对应的报警限值，只有在数据对象 DatName "允许进行报警处理"的属性被选中后，本函数的操作才有意义。本函数对组对象、字符型数据对象、事件型数据对象无效。对数值型数据对象，用 Flag 来标识改变何种报警限值。

其中，"DatName"是数据对象名；"Value"是设置的新的报警值，可以是数值，也可以是数值型数据对象；"Flag"标志要操作何种限值，具体意义如下：

=1，下下限报警值。　　　　=4，上上限报警值。　　　　=6，上偏差报警限值。

=2，下限报警值。　　　　　=5，下偏差报警限值。　　　=7，偏差报警基准值。

=3，上限报警值。

例如，!SetAlmValue（液位1，8，3），即把数据对象"液位1"的报警上限值设为8。

2. 修改报警限值操作步骤

（1）新增数据对象　如果需要在工程运行环境中实时修改报警限值，首先新建四个数值型数据对象。在"实时数据库"中选择"新增对象"，增加四个变量，分别为液位1上限、液位1下限、液位2上限和液位2下限，在各个数据对象属性设置的"基本属性"选项卡中，参数设置如图2-49所示。在"存盘属性"选项卡中，选中"退出时，自动保存数据对象当前值为初始值"。

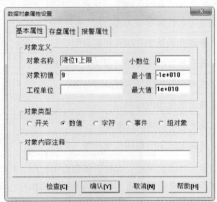 
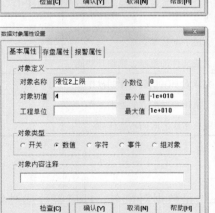 

图2-49 报警限值数据对象属性设置

（2）制作交互界面　下面通过对四个输入框的设置，实现用户与实时数据库的交互。

1）绘制凹槽平面背景框。在"用户窗口"中，选择"水位控制"窗口进入，在"工具箱"中单击"常用符号"构件，在其工具箱中选中凹平面图标 ▢ ，当鼠标变为十字形后，拖动鼠标到适当大小。再选中矩形图标 ▢ ，在凹平面上拖动适当大小，留出凹平面四周轮廓。

然后双击矩形进入"属性设置"对话框，单击填充颜色下拉框，选择"填充效果"，在"渐进色属性"选项卡中选择"双色"，设置"颜色1"为蓝灰色，"颜色2"为白色。底纹样式选择为"横向"，选择变形的第一个样式效果（从上到下，由颜色1向颜色2渐变）。

2）静态文字注释和输入框组态。选择"工具箱"中"标签"图标 A 制作四个标签，用于文字注释。选中"工具箱"中的"输入框"构件 ab ，拖动鼠标，绘制四个输入框，如图 2-50 所示，在运行环境中用于实时修改液位1和液位2报警限值的交互界面制作完成。

图 2-50　输入框界面

双击 输入框 图标，进行属性设置，只需要设置"操作属性"选项卡，其他不变，四个输入框构件属性设置如图 2-51 所示。

图 2-51　输入框构件属性设置

（3）编写控制流程　在 MCGS 组态平台上，单击"运行策略"，在"运行策略"中双击"循环策略"，双击 进入脚本程序编辑环境，在脚本程序中增加如下语句：

```
! SetAlmValue（液位 1,液位 1 上限,3）
! SetAlmValue（液位 1,液位 1 下限,2）
! SetAlmValue（液位 2,液位 2 上限,3）
! SetAlmValue（液位 2,液位 2 下限,2）
```

录入脚本程序时，标点符号为英文输入状态下的标点符号，否则，检查或者单击"确定"时将提示"组态错误"。如图 2-52 所示，当系统进入运行环境后，两段脚本程序同时运行。

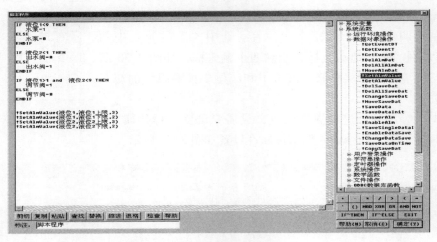

图 2-52　修改报警限值脚本程序

如果读者对!SetAlmValue（液位 1,液位 1 上限,3）函数不了解，可求助"在线帮助"。单击"帮助"按钮，弹出"MCGS 帮助系统"对话框，在"索引"栏中输入"! SetAlmValue"，如图 2-53 所示。

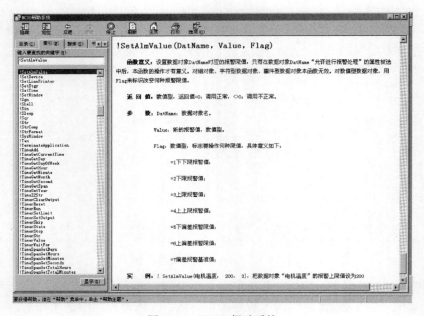

图 2-53　MCGS 帮助系统

现在直接按＜F5＞键或直接单击工具条中 图 图标，进入运行环境，就可以在交互界面中修改液位 1 或液位 2 的上限值、下限值，数字更改完成后，鼠标必须在输入框外单击后，数字修改才有效，这时，就可以在实时报警显示窗口看到改变后的报警信息了。

2.3.5　灯光报警动画

当有报警产生时，我们可以用指示灯显示，具体操作如下：

在"用户窗口"中选中"水位控制"窗口，双击进入，单击"工具箱"中的"插入元件"图标 ，进入"对象元件库管理"界面，从"指示灯"中选取两种指示灯： 和 ，调整到合适大小放在适当位置。 作为"液位 1"的报警指示， 作为"液位 2"的报警指示，双击指示灯进行动画组态属性设置，如图 2-54 所示。图中逻辑功能符号"or"两边要有空格。

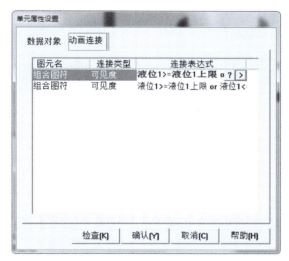
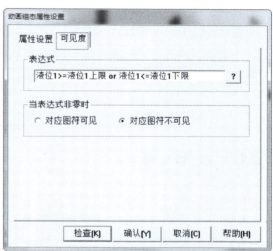
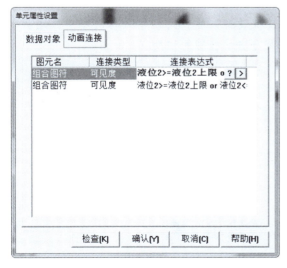
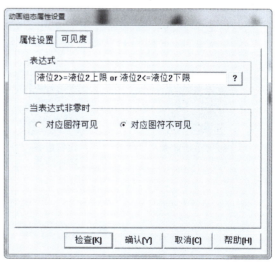

图 2-54　指示灯动画组态属性设置

现在再进入运行环境，可观看整体效果，如图 2-55 所示。所有报警运行效果详见二维码。

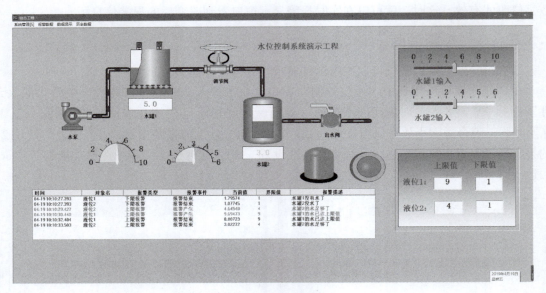

图 2-55　整体效果图

扫一扫，做一做

1. 扫描二维码，尝试做出报警应答运行效果。

2. 扫描二维码，尝试做出弹出报警画面的运行效果：当水罐 1 的液位高于上限或低于下限时，弹出报警画面，报警标志闪烁，并用文字提示水罐 1 液位异常。当水罐 1 的液位处于正常范围时，关闭报警窗口。

3. 扫描二维码，在水位控制系统中，添加模拟设备以后，滑动输入器就不能手动控制了。请设置手动/自动控制切换按钮实现手动控制与自动控制的切换。

报警运行效果

报警应答
运行效果

弹出报警画面
运行效果

手动/自动
控制切换

任务 4　报表输出

在工程应用中，大多数监控系统需要对数据采集设备采集的数据进行存盘、统计分析，并根据实际情况打印出数据报表，所谓数据报表就是根据实际需要以一定格式将统计分析后的数据记录显示和打印出来，如实时数据报表、历史数据报表（班报表、日报表和月报表等）。数据报表在工控系统中是必不可少的一部分，是数据显示、查询、分析、统计和打印的最终体现，是整个工控系统的最终结果输出，是对生产过程中系统监控对象的状态的综合记录和规律总结。

2.4.1　最终效果图

报表输出最终效果图如图 2-56 所示。

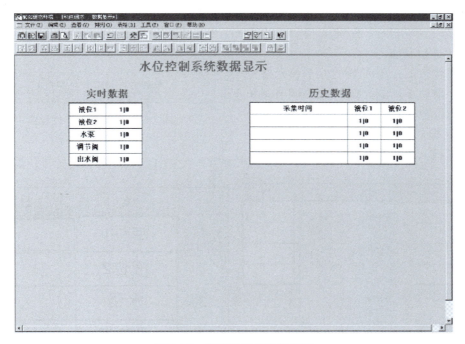

图 2-56　报表输出最终效果图

图中包括三个标签：水位控制系统数据显示、实时数据和历史数据；两个报表：实时报表、历史报表；用到的构件有三个：自由表格、历史表格和存盘数据浏览。

2.4.2　实时报表

实时报表是实时地将当前时间的数据变量按一定报告格式（用户组态）显示和打印，即对瞬时量的反映，实时报表可以通过 MCGS 系统的自由表格构件来组态显示。

怎样实现实时报表呢？具体操作如下：

在 MCGS 组态平台上，单击"用户窗口"，在"用户窗口"中单击"新建窗口"按钮产生一个新窗口，单击"窗口属性"按钮，弹出"用户窗口属性设置"对话框，进行设置，如图 2-57 所示。

单击"确认"按钮，再单击"动画组态"进入"动画组态：数据显示"窗口。按照效果图，单击"标签"图标 🅰，在该用户窗口中制作三组静态文字注释：水位控制系统数据显示、实时数据和历史数据。

在工具条中单击"帮助"图标 📇，将其拖放到"工具箱"中的"自由表格"图标

■上并单击，可获得"MCGS 在线帮助"，请仔细阅读，然后再按下面操作进行。

在"工具箱"中单击"自由表格"图标 ■，将其拖放到桌面适当位置。双击表格进入，如要改变单元格大小，则将鼠标移到 A 与 B 或 1 与 2 之间，当鼠标指针呈分隔线形状时，拖动鼠标至所需大小即可。

表格有两种状态：双击"自由表格"为编辑状态，单击鼠标右键选择"连接"菜单命令为连接状态。

在编辑状态下，在 A 列的五个单元格中分别输入：液位1、液位2、水泵、调节阀和出水阀，作为静态文字，如图 2-58 所示。

单击鼠标右键，选择"连接"菜单命令，或直接按 <F9> 键，使表格处于连接状态。

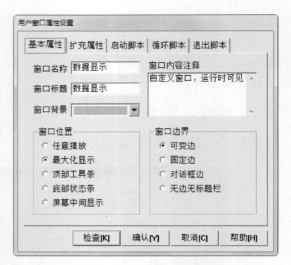

图 2-57　用户窗口属性设置

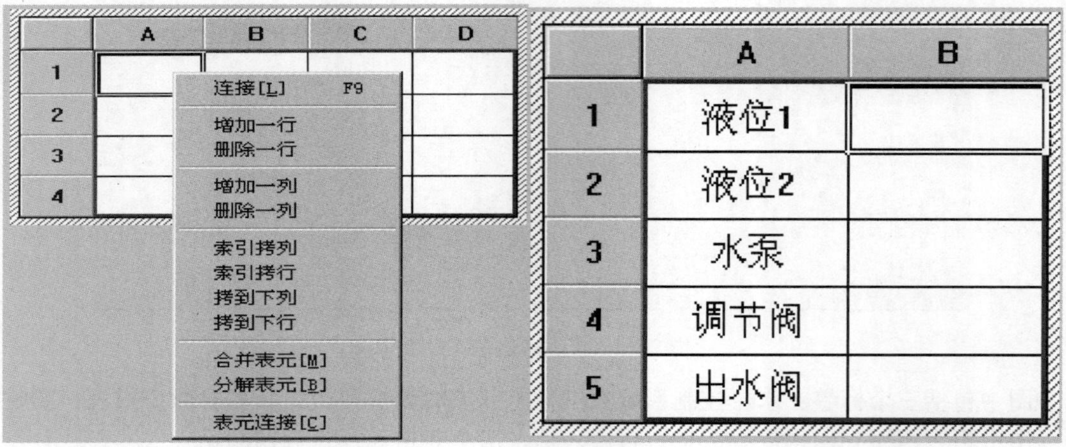

图 2-58　自由表格静态文字

在 B 列中，选中液位 1 对应的单元格，单击鼠标右键。从弹出的下拉菜单中选择"连接"命令，再次单击鼠标右键，弹出数据对象列表，双击数据对象"液位 1"，B 列 1 行单元格所显示的数值即为"液位 1"的数据。

按照上述操作，将 B 列的 2、3、4、5 行分别与数据对象"液位 2""水泵""调节阀""出水阀"建立连接，如图 2-59 所示。

返回工作台，单击"主控窗口"，在"主控窗口"中，单击"菜单组态"，在工具条中单击"新增菜单项"图标 ■，会产生"操作0"菜单。双击"操作0"菜单，弹出"菜单属性设置"对话框，如图 2-60 所示。

按 <F5> 键进入运行环境后，单击菜单项中的"数据显示"会打开"数据显示"窗口，实时数据就会显示出来。

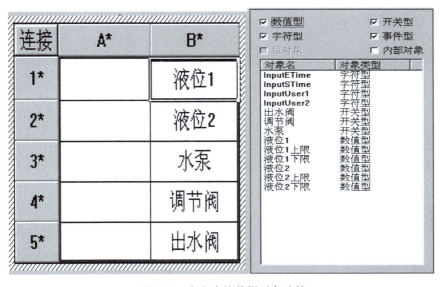

图 2-59　自由表格数据对象连接

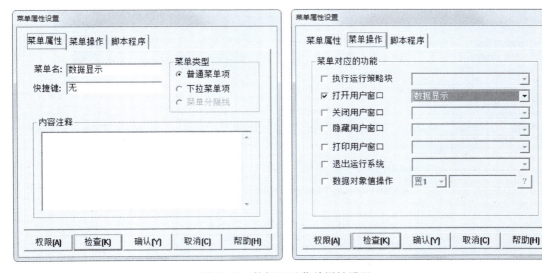

图 2-60　数据显示菜单属性设置

2.4.3　历史报表

历史报表是从历史数据库中提取数据记录，以一定的格式显示历史数据。实现历史报表有两种方式：一种利用策略中的"存盘数据浏览"构件实现，另一种利用历史表格构件实现。

1. 利用策略中的"存盘数据浏览"构件实现历史报表

在"运行策略"中单击"新建策略"按钮，弹出"选择策略的类型"对话框，选中

"用户策略",单击"确认"按钮。单击"策略属性",弹出"策略属性设置"对话框,把"策略名称"改为"历史数据","策略内容注释"设为"水罐的历史数据",单击"确认"按钮。

双击"历史数据"进入策略组态环境,从工具条中单击"新增策略行"图标 ，再从"策略工具箱"中单击"存盘数据浏览"图标，将其拖放到 ▮▮▮ 上，则显示如图2-61所示。

图2-61　存盘数据浏览策略行

双击 ▮▮ 图标,弹出"存盘数据浏览构件属性设置"对话框,按图2-62所示分别进行设置:

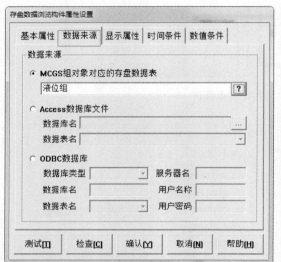

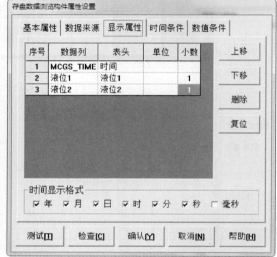

图2-62　存盘数据浏览构件属性设置

在"数据来源"选项卡中，选中"MCGS组对象对应的存盘数据表"，并在下面的输入框中输入文字"液位组"（或者单击输入框右端的 ? 图标，从数据对象列表中选取组对象"液位组"）。

在"显示属性"选项卡中，单击"复位"按钮，并在"液位1""液位2"对应的"小数"列中输入"1"，"时间显示格式"除毫秒外全部选中。

注意：

● 在设置构件属性设置时，当单击"显示属性"选项卡的"复位"按钮时，"时间条件"的"排序列名"设置会清空，需要重新设置。否则，运行环境下无法正常显示。

● 同上，当液位组的组对象发生变化时，必须重新选择"数据来源"选项卡的"MCGS组对象对应的存盘数据表"，即重新选择液位组。然后再单击"显示属性"选项卡的"复位"按钮。修改过的数据成员才能正常显示。

单击"测试"按钮，进入"存盘数据浏览"对话框，如图2-63所示。

序号	时间	液位1	液位2
1	2001-09-13 17:39:37	7.9	4.8
2	2001-09-13 17:39:42	2.1	1.2
3	2001-09-13 17:39:47	7.9	4.8
4	2001-09-13 17:39:52	2.1	1.2
5	2001-09-13 17:47:22	7.9	4.8
6	2001-09-13 17:47:27	2.1	1.2
7	2001-09-13 17:47:32	5.0	3.0
8	2001-09-13 17:47:37	5.0	3.0
9	2001-09-13 17:47:42	5.0	3.0
10	2001-09-13 17:47:47	5.0	3.0
11	2001-09-13 17:47:52	5.0	3.0
12	2001-09-13 17:47:57	5.0	3.0
13	2001-09-13 17:48:02	5.0	3.0
14	2001-09-13 17:48:07	5.0	3.0
15	2001-09-14 09:30:07	2.1	1.2
16	2001-09-14 09:30:12	5.0	3.0
17	2001-09-14 09:30:17	5.0	3.0
18	2001-09-14 09:30:22	5.0	3.0
19	2001-09-14 09:30:27	5.0	3.0
20	2001-09-14 09:30:32	5.0	3.0
21	2001-09-14 09:30:37	5.0	3.0
22	2001-09-14 09:30:42	5.0	3.0
23	2001-09-14 10:19:09	5.0	3.0
24	2001-09-14 10:19:14	5.0	3.0
25	2001-09-14 10:19:19	5.0	3.0
26	2001-09-14 10:19:24	5.0	3.0
27	2001-09-14 10:19:29	5.0	3.0
28	2001-09-14 10:19:34	5.0	3.0
29	2001-09-14 10:19:39	5.0	3.0
30	2001-09-14 10:19:44	5.0	3.0
31	2001-09-14 10:19:49	5.0	3.0

数据记录个数 130　　　　　　　　　　　设置[S]　打印[P]　退出[X]

图2-63　"存盘数据浏览"对话框

在"存盘数据浏览"测试对话框，可以任意改变各个数据列的列宽，单击"退出"按钮，再单击"确认"按钮，退出运行策略时，保存所做修改。进入运行环境，就可以显示调整后的结果了。但在运行环境下，系统是不允许修改存盘数据浏览对话框的列宽的。如果想在运行环境中看到历史数据，应在"主控窗口"中新增一个菜单，取名为"历史数据"，如图2-64所示。

2. 利用历史表格构件实现历史报表

历史表格构件是基于"Windows下的窗口"和"所见即所得"机制的，用户可以在窗口上利用历史表格构件强大的格式编辑功能配合MCGS的画图功能做出各种精美的报表。

利用MCGS的历史表格构件做历史数据报表具体操作如下：

在工作台上，单击"用户窗口"，在"用户窗口"中双击"数据显示"进入，在"工

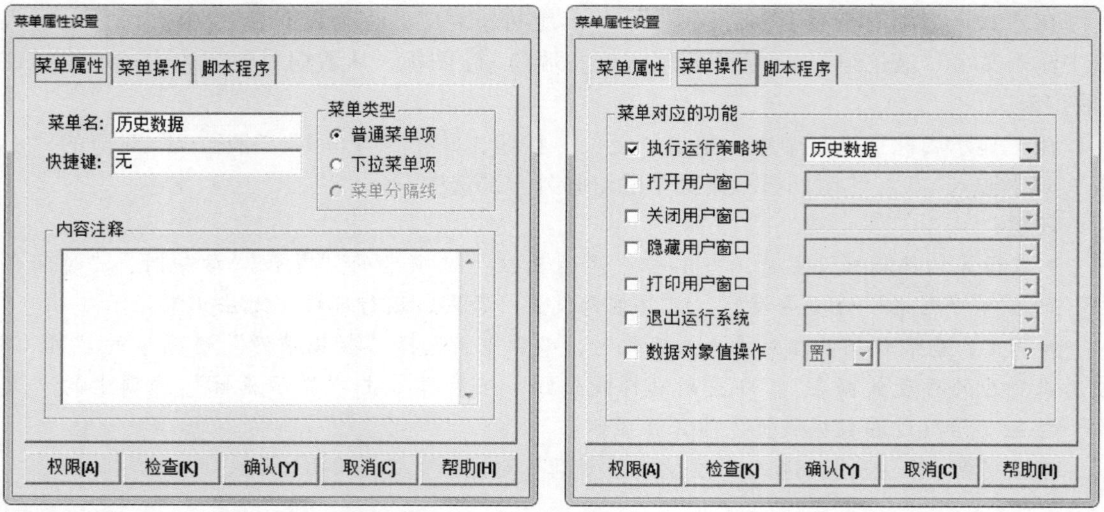

图 2-64 历史数据菜单属性设置

具箱"中单击"历史表格"图标 ▦，拖放到桌面，双击历史表格进入编辑状态，把鼠标移到 C1 与 C2 之间，当鼠标发生变化时，拖动鼠标改变单元格大小；单击鼠标右键进行编辑。在 R1C1 输入"采集时间"，R1C2 输入"液位 1"，R1C3 输入"液位 2"；拖动鼠标从 R2C1 到 R5C3，表格会反黑，如图 2-65 所示。

在表格中单击鼠标右键，选择"连接"菜单命令，或直接按 < F9 > 键，再选择"表格"→"合并表元"菜单命令，或直接单击工具条中"编辑条"图标 ▣，从编辑条中单击"合并表元"图标 ▦，表格中所选区域会出现反斜杠，如图 2-66 所示。

双击表格中反斜杠处，弹出"数据库连接设置"对话框，选中"基本属性"选项卡中的"显示多页记录"，具体设置如图 2-67 所示，设置完毕后单击"确认"按钮退出。

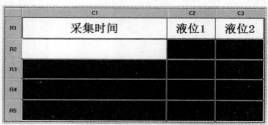

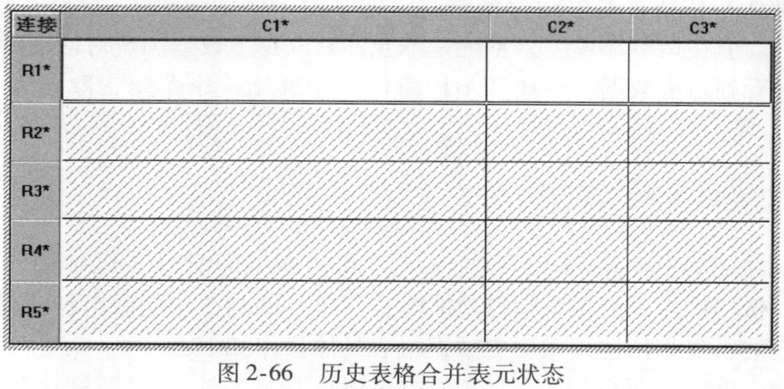

图 2-65 历史表格编辑状态

图 2-66 历史表格合并表元状态

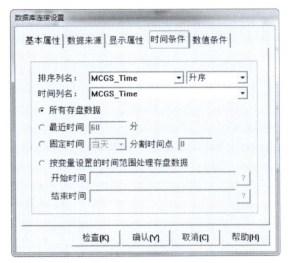

图2-67　数据库连接设置

这时进入运行环境，就可以看到自己的劳动成果了。

如果只想看到历史数据后面1位小数，可以这样操作：双击需要显示小数位数的方框，在组态环境编辑状态下采用静态格式化字符串"1｜0"来规范在运行环境下动态数据输出形式，如图2-68所示。格式化字符串的"1"表示数值的小数位数，"0"表示数值后的空格的个数。

	C1	C2	C3
R1	采集时间	液位1	液位2
R2		1｜0	1｜0
R3		1｜0	1｜0
R4		1｜0	1｜0
R5		1｜0	1｜0

图2-68　格式化字符串设置

格式化字符串用于格式化显示单元格内连接的数值。

对于数值型格式化字符串，表示为"X | Y"的形式，如"2 | 1"，竖线左边是小数位数，右边是在格式化好的文本的右边添加的空格的个数。使用这个方法可以避免右对齐显示的数值量太挨近单元格的右边。数值格式化字符串只对数值型和整型数值有效。

对于开关型数值格式化字符串，表示为"S1 | S2"的形式，当开关型数值不等于 0 时，显示字符串 S1，当开关型数值等于 0 时，显示字符串 S2。如"开 | 关"，当开关型数值不等于 0 时显示"开"，当开关型数值等于 0 时显示"关"。

➤▲ 任务 5　曲线显示 ▲◀

在实际生产过程控制中，对实时数据、历史数据的查看、分析是不可缺少的工作。但对大量数据仅做定量的分析还远远不够，必须根据大量的数据信息画出曲线，分析曲线的变化趋势并从中发现数据变化规律。曲线处理在工控系统中是一个非常重要的部分。

2.5.1　实时曲线

实时曲线是工业现场常用的监控工具，它显示了数据的当前值、变化过程和变化趋势，是反映工业现场总体状况和变化趋势的数据图表。

在 MCGS 动画工具箱中，专门提供了生成实时曲线图形的构件，称为实时曲线构件。实时曲线构件是用曲线显示一个或多个数据对象数值的动画图形，像笔绘记录仪一样实时记录数据对象值的变化情况。该构件由坐标网格、刻度标注和曲线三部分组成，一个构件可同时显示 6 条曲线。

在 MCGS 组态软件中如何实现实时曲线呢？具体操作如下：

单击"用户窗口"标签，在"用户窗口"中双击"数据显示"进入，在"工具箱"中单击"实时曲线"图标 📈，将其拖放到适当位置调整大小。双击曲线，弹出"实时曲线构件属性设置"对话框，按图 2-69 所示进行设置。

设置完毕后单击"确认"按钮即可，在运行环境中单击"数据显示"菜单，就可看到实时曲线。双击曲线可以放大曲线。

注意：

● 在图 2-69 的"基本属性"选项卡中，绝对时钟趋势曲线以绝对时间为横轴标度，构件显示的是数据对象与时间的函数关系；相对时钟趋势曲线是指定一个数据对象为横轴标度，显示的是一个数据对象相对于另一个数据对象的变化曲线。

● 在图 2-69 的"画笔属性"选项卡中，画笔对应的表达式可以简单地指定一个数据对象，如图中的"液位 1""液位 2"，也可以按照表达式的规则建立一个复杂的表达式。

2.5.2　历史曲线

历史曲线构件实现了历史数据的曲线浏览功能。运行时，历史曲线构件能够根据需要画出相应历史数据的趋势效果图。历史曲线主要用于事后查看数据和状态变化趋势和总结规律。

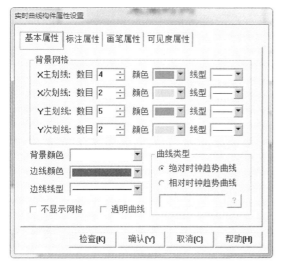

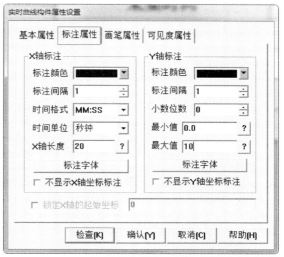

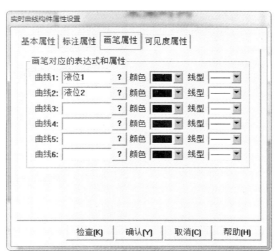

图 2-69　实时曲线构件属性设置

如何根据需要画出相应历史数据的历史曲线呢？具体操作如下：

在"用户窗口"中双击"数据显示"进入，在"工具箱"中单击"历史曲线"图标，将其拖放到适当位置调整大小。双击曲线，弹出"历史曲线构件属性设置"对话框，按图 2-70 设置，"液位 1"曲线颜色为"绿色"，"液位 2"曲线颜色为"红色"。

在运行环境中，单击"数据显示"菜单，打开"数据显示窗口"，就可以看到实时数据、历史数据、实时曲线和历史曲线，如图 2-71 所示。

注意：

● 在设置曲线标识时，在"曲线标识"选项卡勾选曲线条数，并在曲线内容下拉框中选择与曲线对应的数据对象。否则，工程进入运行环境将无法正常显示曲线。

● 若要显示的曲线更平滑，可以采用增加曲线点数的方法，即增加单位时间内采集曲线的点数及缩短曲线数据对象的存盘周期。

历史曲线构件属性设置

基本属性 | 存盘数据 | 标注设置 | 曲线标识 | 输出信息 | 高线 ◄ ►

曲线名称
液位历史曲线

曲线网格
X主划线：数目 4　颜色 ▼　线型 ──▼
X次划线：数目 2　颜色 ▼　线型 ──▼
Y主划线：数目 5　颜色 ▼　线型 ──▼
Y次划线：数目 2　颜色 ▼　线型 ──▼

曲线背景
背景颜色 ▼　边线颜色 ▼　边线线型 ──▼
□ 不显示网格线　□ 显示透明曲线

检查(K)　确认(Y)　取消(C)　帮助(H)

历史曲线构件属性设置

基本属性 | 存盘数据 | 标注设置 | 曲线标识 | 输出信息 | 高线 ◄ ►

历史存盘数据来源
● 组对象对应的存盘数据　液位组 ▼
○ 标准Access数据库文件
　数据库名 ⋯
　数据表名 ▼
○ ODBC数据库(如SQL Server)　连接测试
　连接类型 ▼　服务器名
　数据库名　用户名
　数据表名　用户密码
□ 使用存盘备份文件中的数据

检查(K)　确认(Y)　取消(C)　帮助(H)

历史曲线构件属性设置

基本属性 | 存盘数据 | 标注设置 | 曲线标识 | 输出信息 | 高线 ◄ ►

X轴标识设置
对应的列 MCGS_Time ▼
坐标长度 1
时间单位 分 ▼
时间格式 分:秒 ▼
标注间隔 1
标注颜色 ▼
标注字体　设置字体
□ 不显示X轴标注

曲线起始点
○ 存盘数据的开头
● 当前时刻的存盘数据
○ 最近 1 时▼ 存盘数据
○ 当天 8 时存盘数据
○ 昨天 8 时存盘数据
○ 本月 1 日的存盘数据
○ 上月 1 日的存盘数据

检查(K)　确认(Y)　取消(C)　帮助(H)

历史曲线构件属性设置

基本属性 | 存盘数据 | 标注设置 | 曲线标识 | 输出信息 | 高线 ◄ ►

曲线标识设置
☑液位1　曲线内容 液位2 ▼
☑液位2　曲线线型 ▼
曲线3　曲线颜色 ▼
曲线4　工程单位
曲线5　小数位数 0
曲线6
曲线7　最小坐标 0
曲线8　最大坐标 10
曲线9
曲线10　实时刷新 液位2 ⋯
曲线11
曲线12
标注颜色 ▼　标注间隔 1
标注字体　设置字体　□ 不显示Y轴标注

检查(K)　确认(Y)　取消(C)　帮助(H)

历史曲线构件属性设置

存盘数据 | 标注设置 | 曲线标识 | 输出信息 | 高级属性 ◄ ►

运行时处理
☑ 运行时显示曲线翻页操作按钮
☑ 运行时显示曲线放大操作按钮
☑ 运行时显示曲线信息显示窗口
☑ 运行时自动刷新，刷新周期 1 秒
　在 60 秒后自动恢复刷新状态
□ 自动减少曲线密度，只显示 50 %的曲线点
□ 运行时自动处理间隔点，断点间隔 3600 秒
□ 信息显示窗口跟随光标移动

检查(K)　确认(Y)　取消(C)　帮助(H)

图 2-70　历史曲线构件属性设置

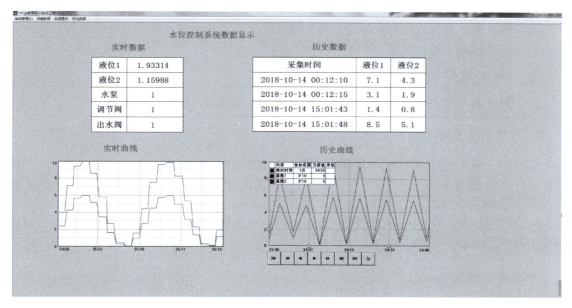

图 2-71　报表与曲线效果图

▶▶ 任务 6　安全机制 ◀◀

在工业现场控制中，应该尽量避免由于现场人为的误操作所引发的故障或事故。为了防止这类事故的发生，MCGS 组态软件提供了一套完善的安全机制，严格限制各种操作的权限，只允许有操作权限的操作员对某些功能进行操作，不具备操作权限的人员无法进行操作，从而避免现场操作的任意性和无序状态，防止因误操作干扰系统的正常运行，造成不必要的损失。MCGS 还提供了工程密码、锁定软件狗及工程运行期限等功能，来保护用 MCGS 组态软件进行开发所得的成果，开发者可利用这些功能保护自己的合法权益。

2.6.1　操作权限

MCGS 系统的操作权限机制和 Windows NT 类似，采用用户组和用户的概念来进行操作权限的控制。在 MCGS 中可以定义无限多个用户组，每个用户组中可以包含无限多个用户，同一个用户可以隶属于多个用户组。操作权限的分配是以用户组为单位来进行的，即某种功能的操作哪些用户组有权限，而某个用户能否对这个功能进行操作取决于该用户所在的用户组是否具备对应的操作权限。

MCGS 系统按用户组来分配操作权限的机制，使用户能方便地建立各种多层次的安全机制。如：实际应用中的安全机制一般要划分为操作员组、技术员组和负责人组。操作员组的成员一般只能进行简单的日常操作；技术员组负责工艺参数等功能的设置；负责人组能对重要的数据进行统计分析。各组的权限各自独立，但某用户可能因工作需要，能进行所有操作，则只需把该用户设为同时隶属三个用户组即可。

注意：

在 MCGS 中，操作权限的分配是对用户组来进行的，某个用户具有什么样的操作权限由该用户所隶属的用户组来确定。

2.6.2 系统权限管理

为了整个系统能安全地运行，需要对系统权限进行管理，具体操作如下：

1. 用户权限管理

选择"工具"→"用户权限管理"菜单命令，弹出"用户管理器"对话框。单击"用户组名"下面的空白处，如图 2-72a 所示，单击"新增用户组"按钮，弹出"用户组属性设置"对话框，如图 2-72b 所示；单击"用户名"下面的空白处，如图 2-72c 所示，再单击"新增用户"按钮，弹出"用户属性设置"对话框，如图 2-72d 所示，按图 2-72 所示设置属性后单击"确认"按钮，退出。

2. 安全机制组态

在运行环境中，为了确保工程安全可靠地运行，MCGS 建立了一套完善的运行安全机制。安全机制组态具体操作如下：

在 MCGS 组态平台上的"主控窗口"中，单击"菜单组态"按钮，打开菜单组态窗口。

在"系统管理"下拉菜单下，单击工具条中的"新增菜单项"图标 ▦，会产生"操作 0"菜单。连续单击"新增菜单项"图标 ▦，增加三个菜单，分别为"操作 1""操作 2"和"操作 3"。

（1）登录用户　登录用户菜单项是新用户为获得操作权，向系统进行登录用的。双击"操作 0"菜单，弹出"菜单属性设置"对话框。在"菜单属性"选项卡中把"菜单名"改为"登录用户"。进入"脚本程序"选项卡，在程序框内输入代码"!LogOn()"（MCGS 系统函数），或在"脚本程序"选项卡中单击"打开脚本程序编辑器"，进入脚本程序编辑环境，从右侧单击"系统函数"，再单击"用户登录操作"，双击"!LogOn()"也可，如图 2-73 所示，这样在运行中执行此项菜单命令时，调用该函数，便会弹出 MCGS 登录窗口。

注意：

● 不要设置"登录用户"菜单项的操作权限，否则不能进行正常的用户登录操作。

● 在完成登录操作后，必须及时退出登录，才能防止非法操作。

（2）退出登录　用户完成操作后，如想交出操作权，可执行此项菜单命令。双击"操作 1"菜单，弹出"菜单属性设置"对话框。进入"脚本程序"选项卡，输入代码"!LogOff()"（MCGS 系统函数），如图 2-74 所示，在运行环境中执行该函数，便会弹出提示框，确定是否退出登录。

（3）用户管理　双击"操作 2"菜单，弹出"菜单属性设置"对话框，如图 2-75 所示，在"脚本程序"选项卡中输入代码"!Editusers()"（MCGS 系统函数）。该函数的功能是允许用户在运行时增加、删除用户，修改密码。

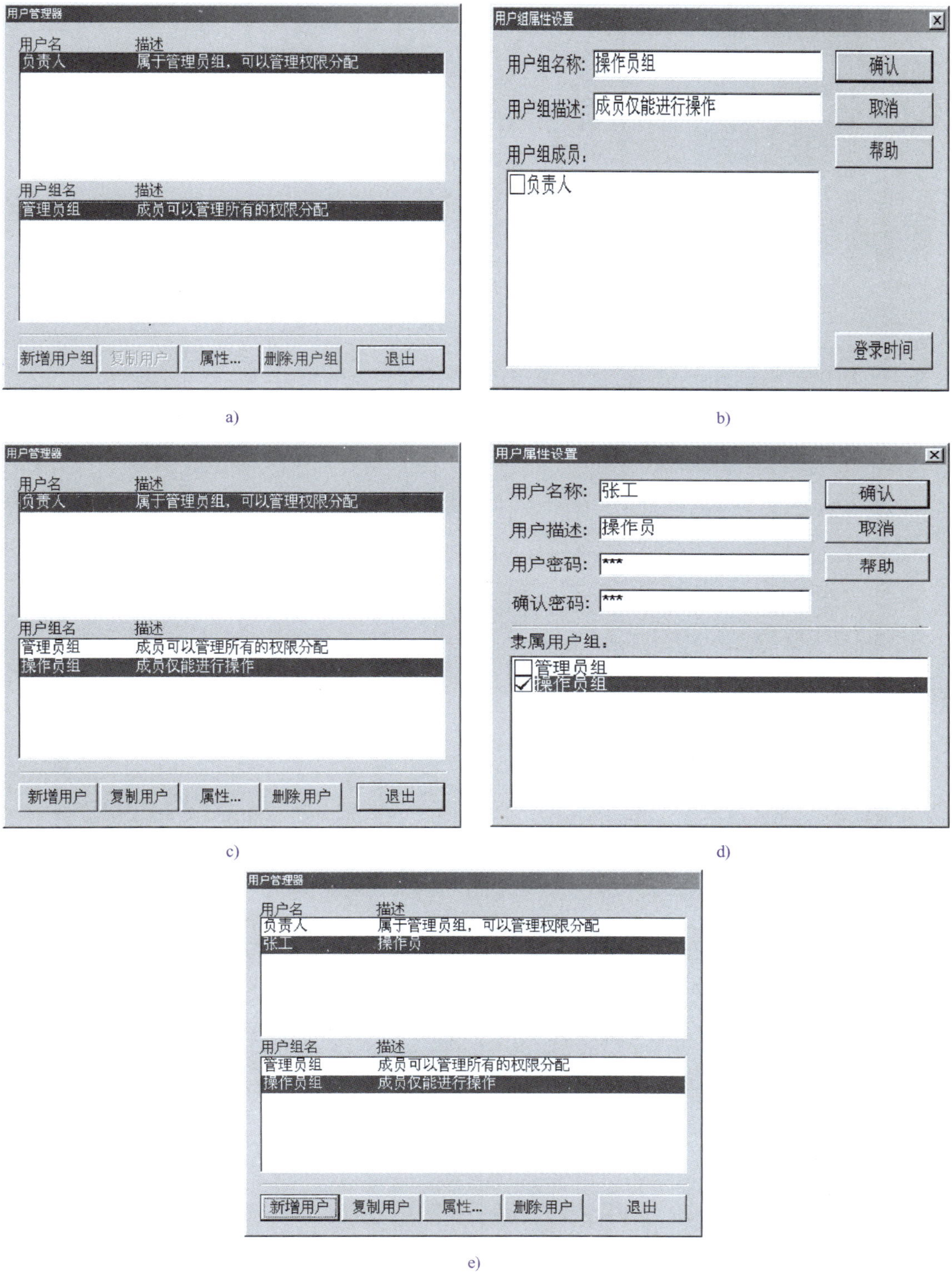

a)

b)

c)

d)

e)

图 2-72　用户管理器属性设置

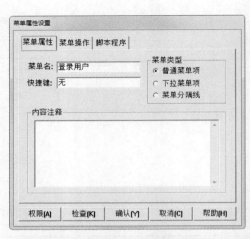

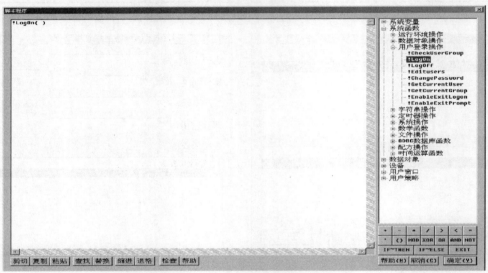

图 2-73   登录用户菜单属性设置

图 2-74   退出登录菜单属性设置

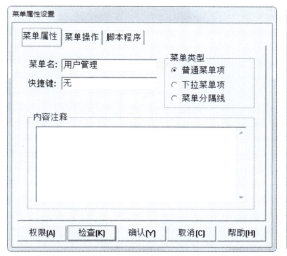 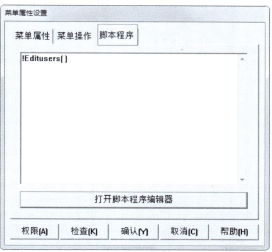

图 2-75　用户管理菜单属性设置

（4）修改密码　双击"操作3"菜单，弹出"菜单属性设置"对话框，如图 2-76 所示，在"脚本程序"选项卡中输入代码"!ChangePassword()"（MCGS 系统函数）。该函数的功能是修改用户原来设定的操作密码。

图 2-76　修改密码菜单属性设置

按以上进行设置后按＜F5＞键或直接单击工具条中 图 图标，进入运行环境。单击菜单"登录用户""退出登录""用户管理"和"修改密码"，分别弹出图 2-77a～d 所示对话框。如果不是用有管理员身份登录的用户，单击"用户管理"，会弹出"权限不足，不能修改用户权限设置！"对话框，如图 2-77e 所示。

（5）系统运行权限　在 MCGS 组态工作台上单击"主控窗口"，选中"主控窗口"，单击"系统属性"，弹出"主控窗口属性设置"对话框，如图 2-78a 所示。在"基本属性"选项卡中单击"权限设置"按钮，弹出"用户权限设置"对话框，如图 2-78b 所示。在"权

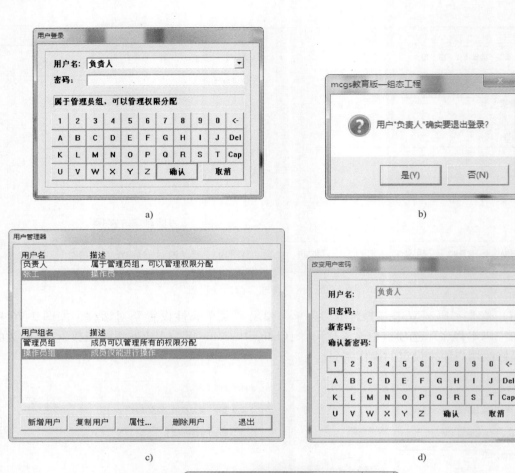

图 2-77　安全机制菜单运行效果

限设置"按钮下面选择"进入登录，退出登录"，如图 2-78a 所示。

再按 < F5 > 键或直接单击工具条中 图标，进入运行环境时会出现"用户登录"窗口，只有具有管理员身份的用户才能进入运行环境，退出运行环境时也一样，如图 2-79所示。

2.6.3　工程加密

在"MCGS 组态环境"下，如果不想让其他人随便看到自己组态的工程或防止竞争对手了解到工程组态细节，可以为工程加密。

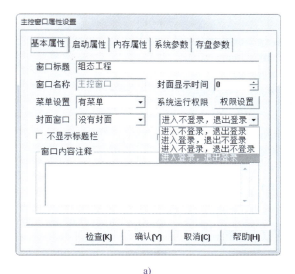

a)

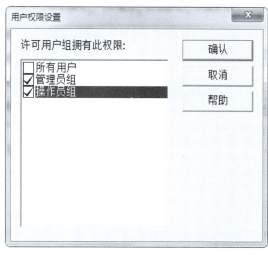

b)

图 2-78　用户权限设置窗口

选择"工具"→"工程安全管理"→"工程密码设置"菜单命令，弹出"修改工程密码"对话框，如图 2-80 所示。修改密码完成后单击"确认"按钮，工程加密即可生效，下次打开"水位控制系统"时需要输入密码。

图 2-79　用户登录运行环境窗口

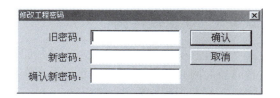

图 2-80　修改工程密码

2.6.4　设置工程试用期限

设置工程试用期限，也是一种保护开发者利益的措施，工程运行到设定的期限，系统会发出提示信息，控制直到停止工程运行。

选择"工具"→"工程安全管理"→"工程运行期限设置"菜单命令，弹出"设置工程试用期限"对话框，如图 2-81 所示。

工程人员可以设置密码来设置工程试用期限，一般可分为四个阶段来完成，每个阶段分别使用不同日期，使用不同的密码来保证工程的安全性。设置完成这四次试用期限密码后，单击"确认"按钮完成。

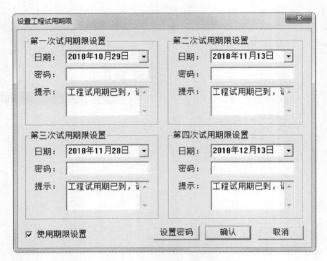

图 2-81 设置工程试用期限

工程运行时达到每级设定的期限后，系统显示密码输入框，要求用户输入该级设定的密码，如果用户输入密码正确，系统将继续运行。如果用户输入密码错误，系统将发出组态时设置的提示信息，直至中止或停止运行。当用户正确地输入了四级密码，则工程解锁，撤销工程试用期限控制，以后将不再出现密码输入框，系统正常运行。

用户随时需要修改这四次试用期限密码时，可以通过单击"设置密码"按钮来修改，如图 2-82 所示。这时设置的密码是用来限制没有权限的人员，不能随意更改工程期限的设置内容。设置完成后，用户下次登录该对话框时，系统会提示输入修改工程试用期限的密码。

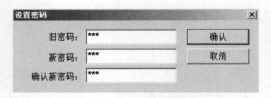

图 2-82 设置试用期限密码

2.6.5 锁定软件狗

软件狗属于硬加密技术，它具有加密强度大、可靠性高等特点，近年来在保护软件开发者利益、防止软件盗版方面起了很大作用，已广泛应用于计算机软件保护。锁定软件狗可以把组态好的工程和软件狗锁定在一起，运行时，离开所锁定的软件狗，该工程运行 30min 后会自动退出系统。随 MCGS 一起提供的软件狗都有一个唯一的序列号，锁定后的工程在其他任何 MCGS 系统中都无法正常运行，以充分保护开发者的权利。

选择"工具"→"工程安全管理"菜单命令，显示出"锁定软件狗"子菜单项。当前计算机没有插上软件狗时，"锁定软件狗"菜单项灰显，即此功能无效；相反，当计算机插上软件狗时，"锁定软件狗"菜单项正常显示，即此功能生效，如图 2-83 所示。

选择"锁定软件狗"菜单命令，弹出系统确认提示框，如图 2-84 所示。

按"确定"后组态好的工程和软件狗就锁定在一起了，当用户使用其他软件狗打开此工程时，工程运行 30min 后自动退出。

要解除"锁定软件狗"，就再选择一下"锁定软件狗"菜单命令，系统弹出提示框，如图 2-85 所示。

总而言之，以上功能都是软件自身的一些安全机制，为了保证软件开发者利益、防止软件盗版，已广泛应用于计算机软件保护上。工程加密、设置工程使用期限、锁定软件狗这三者之间是相互作用的。扫描二维码可观看工程加密、用户登录及工程试用期限等系统设置的各项安全机制。

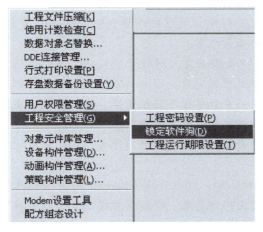

图 2-83　锁定软件狗菜单

图 2-84　锁定软件狗确认

图 2-85　解除软件狗的锁定

安全机制

 想一想，做一做

1. MCGS 组态软件中的安全机制有哪些？
2. MCGS 组态软件中的各安全机制包括什么内容？

视野拓展 创新与创意

创新是改变旧事物、创造新事物的方法或手段，偏重技术性。而创意是具有新颖性和创造性的想法，突破陈规、独辟蹊径的新构想、新思路，偏重思想性。创意是创新的第一步，是创新的起点，是创新的火种，有了好的创意才能去创新。创新是对创意的深入策划、细化并操作实施，是一个将创意变成现实成果的艰难过程。离开了创新实践，创意就真的成了纸上谈兵。有些事情的成功需要创新，有些事情的成功需要创意。做一件事情之前，首先我们要搞清楚需要的是创新还是创意，努力的方向、采取的措施是不同的。

对于一个企业来说，创意一般不是从"无"到"有"，而是需要从"有"的当中了解到还有什么缺陷，需要怎么改进、优化和提升，通常不需要提前进行大比例的研发投入，而是需要一个很快的市场反应。很多企业发展到了一定阶段后，必须通过自主创新和技术研发，才能够进一步发展、提升竞争力。我国一些关键领域的企业正处在这样一个阶段，被"卡脖子"技术所困。因此，企业就需要在科技创新中发挥更大的作用。

党的二十大报告指出，加快实施创新驱动发展战略。其中一项重要举措是强化企业科技创新主体地位。科技创新是经济社会发展的重要引擎，是应对许多全球性挑战的有力武器，也是中国构建新发展格局、实现高质量发展的必由之路。

科技创新核心的力量是人才。"中国天眼"是国家重大科技基础设施，是观天巨目、国之重器，实现了我国在前沿科学领域的一项重大原创突破，以南仁东为代表的一大批科技工作者为此默默工作，无私奉献，令人感动。我们要勇攀世界科技高峰，在一些领域实现并跑领跑，为加快建设科技强国、实现科技自立自强做出新的更大贡献。

创新意识和创新能力的培养主要从两方面着手，一是创新思维能力，二是创新技能。以下方法可参考使用：

1）用发问的方法打破已有的思路、框架和认知，往往会探索到一个创新或创意的发力点，或者找到一种新的解决方案。可以针对改变部分参数、部分变量发问，可以对技术现有状况说"不"进行发问，也可以用反向思维发问，进而奋发努力，解决由发问提出的问题。

2）用质疑的方法不断优化设计方案。质疑是科学精神不可分割的一部分。纵览人类科学发展史，一个个勇于质疑的科学家书写了熠熠生辉的篇章。合理质疑科学发展中前人的成果，不先入为主地迷信书本和权威，以怀疑的眼光看待事物和已有观点，正是科学的精髓所在、价值所在。比如，组态方案是不是最优？程序设计是不是最简洁？组态功能是不是最完善？质疑如一股强大动力，激活创造性思维。探索未知，道阻且长，多一些科学的质疑，才可能产生更多更好的观点和成果，才可能碰撞出更多更好的创新火花。

3）参加职业技能大赛。勇于参加与专业相关的各级各类创新创业职业技能大赛，如自动化生产线安装与调试、工业机器人技术应用等赛项均包括人机界面组态开发与设计，通过积极备赛和参赛，不断提升创新能力。

创新过程是不断探索、不断实践的过程，难免有挫折和创新失败，只要善于总结经验教训，抱着越挫越勇的科学探索精神，收获的就不仅仅是成功的喜悦，还有不断成长的快乐。

作为新时代的大学生，更要担起时代赋予我们的重任，要以与时俱进的精神、革故鼎新的勇气，主动思考，勇于开拓视野，敢于质疑，积极探索，全方位提升自己的创意和创新能力，把爱国之情、强国之志、报国之行统一起来，从我做起，从学好组态技术开始，从做好每一个监控组态任务做起，努力做忠诚的爱国者和走在时代前列的奋进者，用实际行动展现出中国精神的青春风采。

项目3

动画制作

项目目标

1. 知识目标

（1）掌握脚本程序的基本语句格式及功能。

（2）掌握封面动画制作方法和步骤。

（3）掌握旋转动画制作方法和步骤。

（4）掌握脚本程序在运行策略、用户窗口、标准按钮、事件和菜单等五种场合中的应用方法和步骤。

2. 能力目标

（1）能灵活运用五种基本语句编制简单控制功能的脚本程序。

（2）具备组态封面动画的操作能力。

（3）具备组态旋转动画的操作能力。

（4）具备工程组态能力。

3. 素质目标

（1）引导学生用"思维导图"创新思维工具边学习边总结本门课程知识体系。

（2）培养学生类比创新思维能力。

（3）培养学生沟通协调、团结协作、解决问题及总结、表达能力。

（4）弘扬工匠精神和创新精神，激励学生走技能成才、技能报国之路。

（5）养成终身自主学习组态新软件、组态新技术的习惯，不断提升获取新知识和新技能信息的能力。

（6）养成勇于创新、认真严谨、敬业乐业的工作作风。

▶▲ 任务1　了解脚本程序 ▲◀

用户脚本程序是由用户编制的、用来完成特定操作和处理的程序，脚本程序的编程语法非常类似于普通的 Basic 语言，但在概念和使用上更简单直观，力求使大多数普通用户都能正确、快速地掌握和使用。

对于大多数简单的应用系统，MCGS 的简单组态就可完成。只有比较复杂的系统，才需要使用脚本程序，但正确地编写脚本程序，可简化组态过程，大大提高工作效率，优化控制过程。

3.1.1　脚本程序语言要素

1. 数据类型

（1）开关型　值为 0 或 1。
（2）数值型　值在 $\pm 3.4 \times 10^{38}$ 范围内。
（3）字符型　值为最多 512 字符组成的字符串。

2. 数据对象

（1）变量　脚本程序中，不能由用户自定义变量，也不能定义子程序和子函数，只能对实时数据库中的数据对象进行操作，用数据对象的名称来读写数据对象的值，而且无法对数据对象的其他属性进行操作。可以把数据对象看作脚本程序中的全局变量，在所有的程序段共用。开关型、数值型和字符型三种数据对象分别对应于脚本程序中的三种数据类型。在脚本程序中不能对组对象和事件型数据对象进行读写操作，但可以对组对象进行存盘处理。

（2）常量
1）开关型常量。指数字 0 或 1。
2）数值型常量。指带小数点或不带小数点的数值，如 12.45，100。
3）字符型常量。指双引号内的字符串，如"OK""正常"。

（3）系统变量　MCGS 内部定义了 13 个特殊的数据对象，我们称之为 MCGS 系统变量。在进行组态时，可直接使用这些系统变量。为了和用户自定义的数据对象相区别，系统变量的名称一律以"$"符号开头。MCGS 系统变量多数用于读取系统内部设定的参数，它们只有值的属性，没有最大值、最小值及报警属性。如"$Date"表示读取系统当前时间"日期"，字符串格式为"年-月-日"，"年"用四位数表示，"月""日"分别用两位数表示，如"2019-02-06"。

MCGS 内部系统变量的功能见表 3-1，也可查看在线帮助中的系统变量。

表 3-1　MCGS 内部系统变量功能一览表

序号	名　称	功　能	变量类型	读写属性
1	$ Date	读取当前时间："日期"，字符串格式为"年-月-日"，"年"用四位数表示，"月""日"分别用两位数表示，如"2019-02-06"	字符型	只读
2	$ Day	读取计算机系统内部的当前时间："日"（1~31）	数值型	只读
3	$ Hour	读取计算机系统内部的当前时间："小时"（0~24）	数值型	只读
4	$ Minute	读取计算机系统内部的当前时间："分钟"（0~59）	数值型	只读
5	$ Month	读取计算机系统内部的当前时间："月"（1~12）	数值型	只读
6	$ PageNum	表示打印时的页号，当系统打印完一个用户窗口后，$ PageNum 值自动加 1。用户可在用户窗口中用此数据对象来组态打印页的页号	数值型	读写

（续）

序号	名　　称	功　　能	变量类型	读写属性
7	\$ RunTime	读取应用系统启动后所运行的秒数	数值型	只读
8	\$ Second	读取当前时间："秒数"（0~59）	数值型	只读
9	\$ Time	读取当前时间："时刻"，字符串格式为："时：分：秒"，"时""分""秒"均用两位数表示，如"16：12：26"	字符型	只读
10	\$ Timer	读取自午夜以来所经过的秒数	数值型	只读
11	\$ UserName	在程序运行时记录当前用户的名字。若没有用户登录或用户已退出登录，"\$ UserName"为空字符串	内存字符串型变量	只读
12	\$ Week	读取计算机系统内部的当前时间："星期"（1~7）	数值型	只读
13	\$ Year	读取计算机系统内部的当前时间："年"（1111~9999）	数值型	只读

（4）系统函数　在 MCGS 系统内部定义了 11 大类供用户直接使用的系统函数，直接用于表达式和用户脚本程序中，完成特定的功能。系统函数以"！"符号开头，以区别于用户自定义的数据对象。如"！abs()"表示绝对值函数。

3. MCGS 操作对象

MCGS 操作对象包括工程中的用户窗口、用户策略和设备构件，MCGS 操作对象在脚本程序中不能当作变量和表达式使用，但可以当作系统函数的参数使用，如"！Setdevice（设备0，1,""）"表示启动设备构件"设备0"开始工作。

4. 表达式

由数据对象（包括设计者在实时数据库中定义的数据对象、系统内部数据对象和系统内部函数）、括号和各种运算符组成的运算式称为表达式，具体来说，表达式有以下六种表现形式：

（1）常量　如"1""200"。

（2）单个的数据对象　如"出水阀"。

（3）简单或复杂的算术表达式　如"液位1+5"。

（4）简单或复杂的逻辑表达式　如"液位1>5""液位1>=液位1上限 or 液位1<=液位1下限"。

（5）系统变量　如"\$ Date"。

（6）系统函数　如"！abs()"。

当表达式中只包含算术运算符，表达式的运算结果为具体的数值时，这类表达式称为算术表达式；当表达式中包含有逻辑运算符或比较运算符时，表达式的值只可能为 0（条件不成立，假）或非 0（条件成立，真），这类表达式称为逻辑表达式。

表达式的计算结果称为表达式的值。常量或数据对象是狭义的表达式，这些单个量的值即为表达式的值。表达式值的类型即为表达式的类型，必为开关型、数值型或字符型三种类型中的一种。

表达式是构成脚本程序的最基本元素，在 MCGS 其他部分的组态中，也常常需要通过表达式来建立实时数据库与其他对象的连接关系，正确输入和构造表达式是应用 MCGS 的一项重要工作。

5. 运算符

脚本程序中使用的运算符见表3-2。

表 3-2 脚本程序中的运算符

运算符类型	符　号	意　义
算术运算符	∧	乘方
	*	乘法
	/	除法
	\	整除
	+	加法
	−	减法
	Mod	取模运算
逻辑运算符	AND	逻辑与
	NOT	逻辑非
	OR	逻辑或
	XOR	逻辑异或
比较运算符	>	大于
	> =	大于等于
	=	等于
	<=	小于等于
	<	小于
	< >	不等于

6. 运算符优先级

按照优先级从高到低的顺序，各个运算符优先级排列见表3-3。

表 3-3 运算符优先级

运　算　符	优　先　级
()	高
∧	
*，/，\，Mod	
+，−	
<，>，<=，>=，=，<>	
NOT	
AND，OR，XOR	低

3.1.2 脚本程序基本语句

由于 MCGS 脚本程序是为了实现某些多分支流程的控制及操作处理，因此只包括了几种最简单的语句：赋值语句、条件语句、退出语句、注释语句和循环语句。所有的脚本程序都可由这五种语句组成，当需要在一个程序行中包含多条语句时，各条语句之间须用"："分开，程序行也可以是没有任何语句的空行。大多数情况下，一个程序行只包含一条语句，赋值程序行中根据需要可在一行上放置多条语句。

1. 赋值语句

赋值语句的形式为"数据对象 = 表达式"。赋值语句用赋值号（"="）来表示，它具体的含义是：把"="右边表达式的运算值赋给左边的数据对象。赋值号左边必须是能够读写的数据对象，如开关型数据、数值型数据以及能进行写操作的内部数据对象，而组对象、事件型数据、只读的内部数据对象、系统内部函数以及常量均不能出现在赋值号的左边，因为不能对这些对象进行写操作。赋值号的右边为一表达式，表达式的类型必须与左边数据对象值的类型相符合，否则系统会提示"赋值语句类型不匹配"的错误信息。

2. 条件语句

条件语句有如下三种形式：

（1）If 〖表达式〗
　　　Then 〖赋值语句或退出语句〗
（2）If 〖表达式〗
　　　Then 〖语句〗
　　EndIf
（3）If 〖表达式〗
　　　Then 〖语句〗
　　Else
　　　　〖语句〗
　　EndIf

条件语句中的四个关键字"If""Then""Else"及"EndIf"不分大小写。如拼写不正确，检查程序会提示出错信息。

条件语句允许多级嵌套，即条件语句中可以包含新的条件语句，MCGS 脚本程序的条件语句最多可以有 8 级嵌套，为编制多分支流程的控制程序提供了可能。

"If"语句的表达式一般为逻辑表达式，也可以是值为数值型的表达式，当表达式的值为非 0 时，条件成立，执行"Then"后的语句，否则，条件不成立，将不执行该条件块中包含的语句，开始执行该条件块后面的语句。

值为字符型的表达式不能作为"If"语句中的表达式。

3. 退出语句

退出语句为"Exit",用于中断脚本程序的运行,停止执行其后面的语句。一般在条件语句中使用退出语句,以便在某种条件下,停止并退出脚本程序的执行。

4. 注释语句

以单引号"'"开头的语句称为注释语句,注释语句在脚本程序中只起到注释说明的作用,实际运行时,系统不对注释语句作任何处理。

5. 循环语句

循环语句为"While"和"EndWhile",其结构为:

```
While [条件表达式]
...
EndWhile
```

当条件表达式成立时(非零),循环执行 While 和 EndWhile 之间的语句。直到条件表达式不成立(为零),退出。

想一想,做一做

1. 什么是脚本程序?
2. 哪种数据对象可以应用于脚本程序?
3. 什么是系统变量?
4. 什么是系统函数?
5. 表达式有几种表现形式?
6. 脚本程序中有几种语句?

➤▲ 任务 2　封面动画制作 ▲◄

封面窗口是工程运行后第一个显示的图形界面,演示工程的封面窗口样式如图 3-1 所示。在运行过程中小球绕着椭圆的圆周按顺时针方向周而复始地运动。

3.2.1　建立数据对象

表 3-4 列出了封面窗口中与动画和设备控制相关的所有变量名称。这些数据对象均需要建在实时数据库里,既可以在使用之前全部建好,也可以在使用过程中逐一建立。

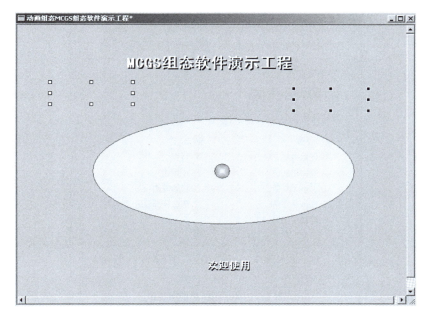

图 3-1 封面窗口样式

表 3-4 封面窗口相关变量名称一览表

变 量 名 称	类 型	注 释
日期	字符型	显示系统日期
时间	字符型	显示系统时间
角度	数值型	用于封面窗口动画的变量

3.2.2 封面制作

在 MCGS 组态软件工作台上，单击"用户窗口"进入，再单击"新建窗口"按钮，生成"窗口0"，选中"窗口0"，单击"窗口属性"按钮，弹出"用户窗口属性设置"对话框，如图3-2所示，设置完毕后单击"确认"按钮，退出。

立体文字是通过两个文字颜色不同、没有背景（背景颜色与窗口相同）的文字标签错位重叠而成的。首先应了解一个概念，就是"层"的概念。所谓"层"，指的是图形显示的前后顺序，位于上"层"的物体，必然遮盖下"层"的物体。应用到此处，就是两种不同颜色的文字，它们位于不同的"层"（显示的前后顺序不同），因为两个文字框是错位重叠，所以 X、Y 坐标也不相同。

如实现图3-1所示的"MCGS组态软件演示工程"立体文字效果，在"MCGS组态软件演示"用户窗口中，从"工具箱"中选择"标签"，放在界面适当位置，框图内输入文字，复制另一个文字框图，两个文字框图除设置不同的字体颜色之外，其他属性内容完全相同。可以按图3-3设置，两个文本框重叠在一起，利用工具条中的层次调整按钮，改变两者的前后层次和相对位置，颜色为"黑色"的文字框放在下面，颜色为"白色"的文字框放在上

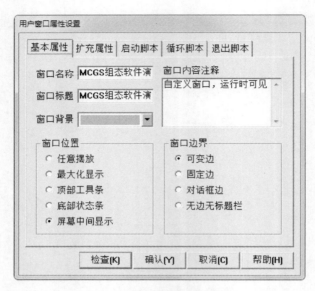

图 3-2　封面窗口属性设置

面，然后通过上下左右键进行调整，使上面的文字遮盖下面文字的一部分，形成立体的效果。"欢迎使用"实现方法也一样。

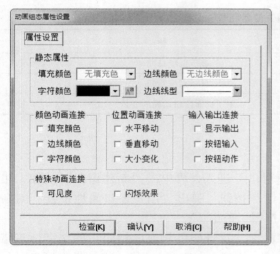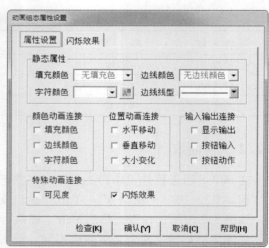

图 3-3　文字标签动画组态属性设置

　　如果要在运行过程中让"MCGS组态软件演示工程"闪烁，增加动画效果，可以按图3-4设置，表达式设为"1"，表示条件永远成立。

　　封面窗口中左上侧有一个无框的矩形，右上侧有一个无框的矩形，可通过"工具箱"中的"标签"实现，左上侧在运行时显示当前日期，右上侧在运行时显示当前时钟。日期属性设置如图3-5所示，时钟属性设置与日期属性设置相似，只需要把"显示输出"的表达式中的"日期"改为"时间"即可。

　　封面窗口中有一个大的椭圆、一个小球，在运行过程中小球绕着椭圆的圆周按顺时针方

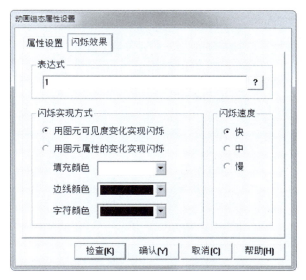

图 3-4 文字标签动画组态闪烁效果设置

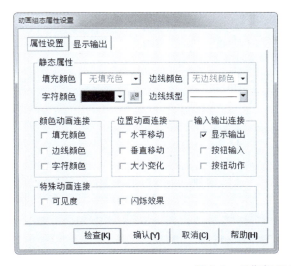

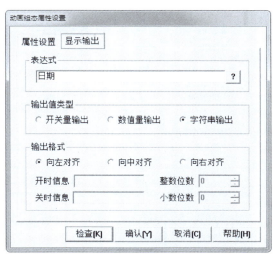

图 3-5 日期标签动画组态属性设置

向周而复始地运动。具体操作如下：

从"工具箱"中选中"椭圆"，拖放到桌面，把其大小调整为 480×200，椭圆的"填充颜色"为"玫瑰红"。绘制椭圆大小时，可通过屏幕下方状态条的右下角的尺寸调整椭圆的大小，如果没有状态条，可选择"查看"→"状态条"菜单命令打开状态条。

采用同样的操作方法，将小球大小调整为 28×28，位置位于椭圆的中心，"填充颜色"选择为"填充效果"样式，选中"双色"填充，"颜色1"为海绿色，"颜色2"为白色，"底纹样式"为"中心辐射"，"变形"选择由颜色2向颜色1从内而外辐射。椭圆和小球的定位如图 3-6 所示，小球的动画组态属性设置如图 3-7 所示。

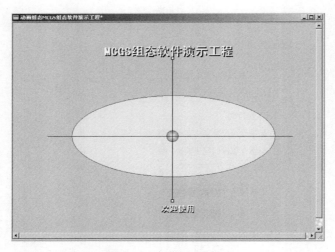

图 3-6 椭圆和小球的定位

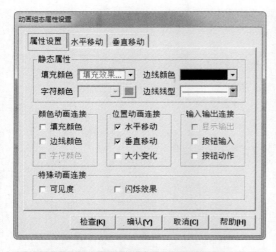
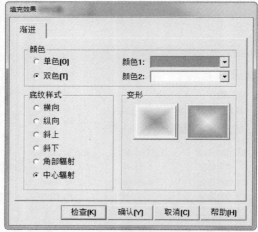
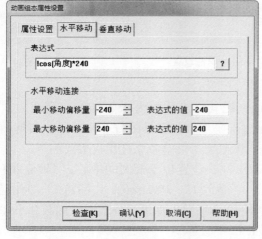

图 3-7 小球的动画组态属性设置

注意：在绘制封面窗口中的图形时，不能将窗口最大化，否则运行时，有些图就会超出窗口显示范围。

在 MCGS 组态软件工作台上，单击"运行策略"，再双击"循环策略"或选中"循环策略"，单击"策略组态"进入策略组态中。双击 图标进入"策略属性设置"，将循环时间设为 200ms，控制小球的运行速度。从工具条中单击"新增策略行"图标 ，新增加一个策略行。再从"策略工具箱"中选取"脚本程序"图标，拖到策略行 上，单击鼠标左键，如图 3-8 所示。

双击 进入脚本程序编辑环境，输入下面的程序：

```
角度 = 角度 + 3.14/180
IF 角度 > = 2 * 3.14 THEN
角度 = 角度 - 2 * 3.14
ENDIF
日期 = $ Date
时间 = $ Time
```

图 3-8　小球运行策略行

注意：输完脚本程序后，要单击"确定"按钮，不能直接关闭窗口。在脚本程序编辑环境的最下面，把"标注"改为"封面动画日期时间"。

3.2.3　动画效果

在 MCGS 组态软件工作台上，单击"主控窗口"进入，选中"主控窗口"，单击"系统属性"按钮，弹出"主控窗口属性设置"对话框，具体设置如图 3-9 所示，在"基本属性"选项卡中把"封面显示时间"设为 30s，"封面窗口"选中"MCGS 组态软件演示工程"。

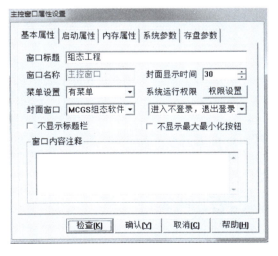
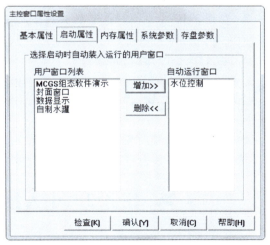

图 3-9　主控窗口属性设置

按 < F5 > 键进入运行环境，首先运行的是"封面窗口"，如果不操作键盘与鼠标，封面窗口自动运行30s后进入"水位控制"窗口，否则，单击即可立即进入"水位控制"窗口。封面窗口运行效果如图3-10所示。

图3-10　封面窗口运行效果

想一想，做一做

1. 在本任务组态中，封面窗口自动运行30s后进入"水位控制"窗口，此时小球运行至什么位置？如果想让小球运行半圈后进入"水位控制"窗口，应如何组态？

2. 在图3-10中，小球绕着椭圆的圆周按顺时针运动，如果想让小球绕着椭圆的圆周按逆时针运动，应如何组态？

3. 如何改变小球运行的速度？

扫一扫，做一做

封面创意
运行效果

扫描二维码观看封面创意运行效果，试组态实现所有功能。发挥创意，试试再组态一种全新的封面动画运行效果。

任务3　小人推车旋转动画制作

旋转动画是MCGS5.5以上通用版主要新增功能之一，它通过对多边形和折线构件在运行环境下任意角度的旋转，对其他简单图形、图符构件在组态环境下任意角度的旋转、任意组合转化成多边形，使用户轻松完成难度较大的图形组态工作。使用此功能，能够使用户轻松地实现图形的旋转，也使工程更加生动、逼真。

在 MCGS 组态软件中，可以旋转的动画构件具有多边形状态和旋转状态。多边形状态可以对动画构件进行编辑，包括调整形状、属性设置等。旋转状态主要是对旋转属性进行设置，包括旋转表达式、旋转位置、旋转圆心、旋转半径和旋转角度等的设置。

3.3.1 建立数据对象

表 3-5 列出了小人推车窗口中与动画和设备控制相关的所有变量名称。这些数据对象均需要建在实时数据库里，既可以在使用之前全部建好，也可以在使用过程中逐一建立。

表 3-5 小人推车窗口相关变量名称一览表

变量名称	类型	注释
wheel	数值型	水平运动距离
angle	数值型	双腿旋转角度
angle1	数值型	双腿旋转角度中间变量

3.3.2 组态环境下的旋转设置

1. 组态布置效果

本任务是以小人推车沿直线滚动来显示旋转动画功能的工程。画面包括三部分：砖墙背景画面、小人推车及滑动输入器，组态布置效果如图 3-11 所示。

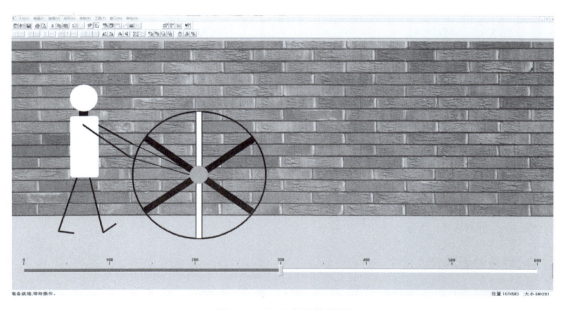

图 3-11 组态布置效果图

2. 小人推车画面制作

在 MCGS 组态软件工作台上，单击"用户窗口"进入，再单击"新建窗口"按钮，生成"窗口 0"，选中"窗口 0"，单击"窗口属性"按钮，修改"窗口名称"为"小人推车"。

双击"小人推车"窗口，进入此窗口的组态环境。单击"工具箱"中的位图装载构件，鼠标变为十字形后，拖动位图到窗口上，调整其位置。然后再单击鼠标右键，选择"装载位图"菜单命令，如图 3-12 所示。

在弹出的对话框内，直接输入装载位图的正确路径及名称或者单击 …，选中要装载的文件，如"砖墙.jpg"。装载图像文件时，可以指定将图像文件存储到工程文件内部，或者只存储文件名，而将图像文件保留在工程文件外。还可以对图像进行压缩，压缩质量百分比越大，图像的失真越小。小人推车装载位图设置如图 3-13 所示。

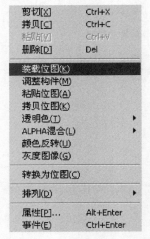

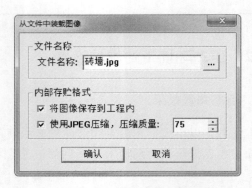

图 3-12　装载位图菜单命令　　　　图 3-13　装载位图设置

注意：

● 在下述两种情况下，应当将图像保存到工程内，否则会导致图像浏览不正常：当使用 MCGS WWW 网络版，并在 IE 上浏览图像时；当使用 MCGS 嵌入版组态软件，在 WinCE 环境下浏览时。

● 当用户不选择将图像保存到工程内，而只是保存图像的文件名时，不能对构件中的图像进行图像处理操作，包括透明、ALPHA 混合值及旋转等。这些操作只有当图像保存到工程内时才能正常工作。

装载砖墙背景图后，在工具箱中选择"矩形"、"圆形"和"直线"，构成一个小人推车的画面，如图 3-11 所示。

3. 旋转动画制作

（1）车轮和人的动画制作　人的头与身体（躯干与胳膊）、扶手和车轮都是水平移动，不需要旋转运动。首先定义车轮的运动变量。双击车轮的外圈，水平移动设置如图 3-14 所示，对应的是"wheel"数值型数据对象。

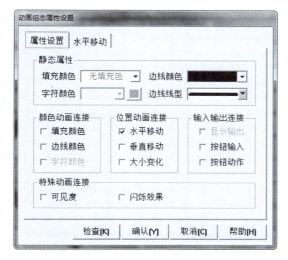
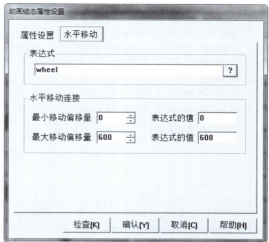

图 3-14 车轮动画组态属性设置

　　同理设置小人胳膊和车轮扶手的水平移动变量和参数,由于小人胳膊和车轮扶手的运动方向和轨迹相同,所以它们设置也相同,如图 3-15 所示。

　　(2)车轴的旋转动画制作　选中任意一个车轴,单击鼠标右键,选择"转换为多边形"→"转换为旋转多边形"菜单命令。旋转多边形有旋转中心,即为图中的菱形黄色块,用鼠标拖动即可改变旋转中心的位置。单击该车轴,进入该车轴的"动画组态属性设置"对话框,如图 3-16 所示,每个车轴均需同时设置"水平移动"选项卡和"旋转动画"选项卡,分别设置它的水平移动和旋转动画变量和参数。同理,设置其他两个车轴。

图 3-15 小人胳膊和车轮扶手的属性设置

　　车轮的车轴不仅需要水平移动,而且要旋转变化。凡是具有旋转变化属性的图符,必须先转换为"旋转多边形"后方能设置旋转动画。

　　(3)小人双腿的旋转动画制作　双击小人的前腿,设置它的水平运动变量和旋转运动变量。小人双腿的水平运动方向、运动长度和小人的胳膊、车轮的水平运动都是相同的。所以小人双腿的水平移动设置都是一样的。而小人的前腿和后腿还有一个抬起和放下的过程,因而小人的双腿需要旋转动画设置,最大的旋转角度分别为 45° 和 − 45°。前腿和后腿的设置分别如图 3-17 所示。

　　注意:小人双腿设置动画时,应首先"转换为多边形",再"转换为旋转多边形",然后用鼠标拖动旋转中心使其处于合适的位置,这样,小人双腿才能正常旋转。

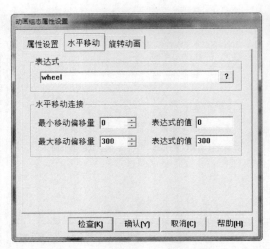

图 3-16　车轴的动画组态属性设置

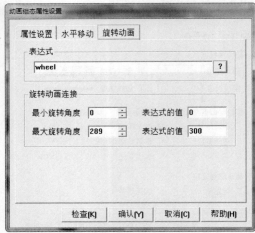

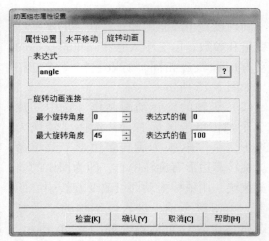

图 3-17　小人双腿的动画组态属性设置

为了更好地观察到小人推车的水平偏移量，从"工具箱"中拖动一个滑动输入器 ，放在小人推车的下方。双击滑动输入器，在"操作属性"选项卡输入人和车的水平移动对象变量"wheel"，变量的变化范围是 0～600，如图 3-18 所示。

图 3-18 滑动输入器属性设置

4. 策略组态

工程项目重点部分是策略组态部分。此部分需要定义各个变量对象的初值和编写运动的循环周期。在 MCGS 组态软件工作台上，单击"运行策略"进入，选中"循环策略"，单击"策略属性"按钮，修改循环时间为 200ms。

双击"循环策略"，进入循环策略组态窗口，右键增加一个策略行，从策略工具箱中添加一个"脚本程序"功能构件。双击"脚本程序"构件，进入脚本程序编辑窗口，输入脚本程序，如图 3-19 所示。

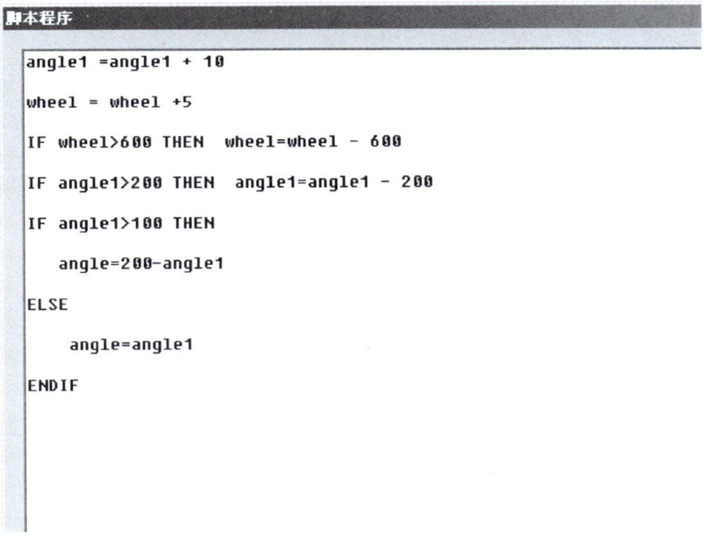

```
angle1 =angle1 + 10

wheel = wheel +5

IF wheel>600 THEN  wheel=wheel - 600

IF angle1>200 THEN  angle1=angle1 - 200

IF angle1>100 THEN

    angle=200-angle1

ELSE

    angle=angle1

ENDIF
```

图 3-19 小人推车脚本程序

按 <F5> 键进入运行环境，小人推着车向前迈进，下方的滑动输入器实时显示人和车的水平移动大小。

3.3.3 启停复位控制

如果需要对小人推车进行启停控制，应如何组态呢？

打开用户窗口"小人推车",在工具箱中选择两个"标准按钮",放置在画面合适的位置,一个按钮作为暂停控制,另一个按钮作为复位控制。也可以在工具箱中选择"动画按钮"和"标准按钮",放置在画面合适的位置,动画按钮作为暂停控制,标准按钮作为复位控制。然后对标准按钮或动画按钮进行动画属性设置,并对循环策略加以控制即可实现启停控制功能,请自行组态设计。

扫描二维码观看小人推车启停复位控制运行效果。

1. 在图3-14中,如果将水平移动参数分别按图3-20所示进行修改,运行效果有何不同?为什么?

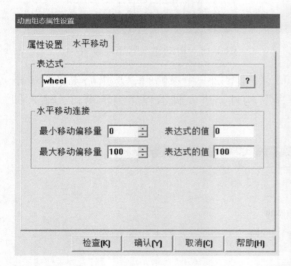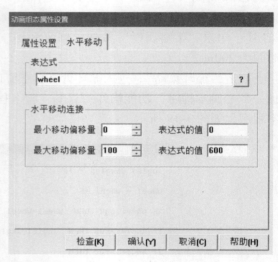

图3-20 车轮水平移动参数修改

2. 在图3-19所示的小人推车脚本程序中,有两个有关角度的数据对象:angle和angle1,试分析angle、angle1与小人双腿的运动关系,并将相关数据填入表3-6中。

表3-6 小人推车数量关系

变量及参数	数值变化
angle1	0～100～200
angle	
前腿的角度	
后腿的角度	

3. 如何改变小人推车的速度?

4. 如何改变小人双腿运动的速度?

5. 如果想让小推车倒行,应如何组态?

6. 如图3-21所示,一个小球(红绿渐变)沿着一条线段从右向左运行并自动循环;用数字显示仪表实时显示运行距离值；当运行距离大于 200 时，报警指示灯亮，否则指示灯熄灭；在画面上设置一个启停控制按钮，实现小球的运行与停止。

7. 如图 3-22 所示，一个小球（黄绿渐变）沿着一条线段从左上角向右下角方向运行并自动循环；用数字显示仪表实时显示运行距离值；当运行距离大于 280 时，报警指示灯亮，否则指示灯熄灭；在画面上设置一个启停控制按钮，实现小球的运行与停止。

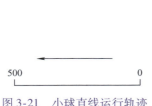

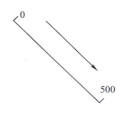

图 3-21　小球直线运行轨迹　　　　图 3-22　小球斜线运行轨迹

8. 一个小人沿着圆（半径为 200）轨迹运行并能持续运行；用两个旋转指针仪表实时显示小人的横坐标和纵坐标数值；当横坐标运行距离大于 50 时，横坐标数值显示为红色，否则显示为绿色；在画面上设置一个启停控制按钮，实现小人的运行与暂停。

扫一扫，做一做

1. 分别扫描二维码：创意设计案例 1～3，观看运行效果，试组态实现所有功能。积极思考，勇于创新，试试再组态一种全新的小人推车动画运行效果。

2. 扫描二维码：小球折线运行效果，组态实现所有功能：如图 3-23 所示，一个小球（蓝绿渐变）沿着三角形运行并自动循环；用数字显示仪表分别实时显示横坐标和纵坐标数值；当横坐标运行距离大于 200 时，报警指示灯显示为红色，否则指示灯显示为绿色；在画面上设置一个启停控制按钮，实现小球的运行与停止。

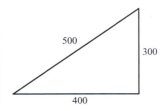

图 3-23　小球折线运行轨迹

任务 4　脚本程序应用

脚本程序在 MCGS 组态软件中有五种应用场合，分别为：在"运行策略"中的"脚本程序"构件中使用；在"用户窗口"属性设置中的"启动脚本""循环脚本"及"退出脚本"中使用；在"用户窗口"中"标准按钮"的属性设置中的"脚本程序"中使用；在

"用户窗口"设置事件的脚本程序中使用;在"菜单"属性设置中的"脚本程序"中使用。

前面,我们已经了解了第一种应用场合:"运行策略"中的脚本程序,在本任务中通过"下拉框"构件、计数器系统函数、字符串函数及弹出子对话框的操作,达到在其他四种场合灵活运用 MCGS 组态软件脚本程序的目的,简化组态过程,提高工作效率。脚本程序操作演示的各种功能布局效果如图 3-24 所示。

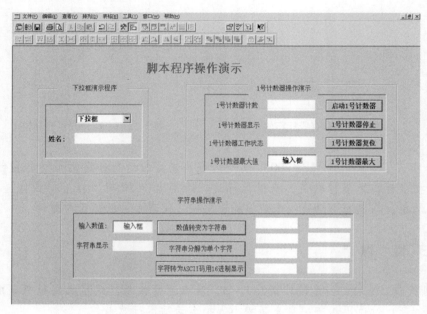

图 3-24　脚本程序操作演示功能布局效果

表 3-7 列出了脚本程序操作演示中与动画和设备控制相关的所有变量名称。这些数据对象均需要建在实时数据库里,既可以在使用之前全部建好,也可以在使用过程中逐一建立。

表 3-7　脚本程序操作演示相关变量名称一览表

变量名称	类型	注释
计数器 1 号	数值型	显示 1 号计数器的值
姓名	字符型	显示下拉框的选择
计数器 1 号时间显示	字符型	用于时钟方式显示 1 号计数器的值
计数器 1 号工作状态	开关型	用于启动、停止 1 号计数器
计数器 1 号最大值	数值型	用于限制 1 号计数器计数的最大值
数据 1～数据 5	数值型	用于数据提取时产生数据
数据显示 1～4	数值型	用于显示字符转换成 ASCII 码用 16 进制显示的数
数据输入	数值型	输入 0～9999 之间的数
字符串显示	字符型	用于显示输入数据转换成的字符串
字符串分解 1～4	字符型	用于显示字符串分解成的字符

3.4.1 脚本程序在"用户窗口"中的应用

进入"用户窗口",单击"新建窗口"按钮,生成"窗口0",选中"窗口0",单击"窗口属性"按钮,弹出"用户窗口属性设置"对话框,如图3-25所示,设置基本属性后,单击"确认"按钮退出。该用户窗口被命名为"脚本程序"。

双击窗口名称为"脚本程序"的用户窗口,进入"动画组态"环境,从"工具箱"中选中"下拉框",拖放到桌面适当位置。双击"下拉框",弹出"下拉框构件属性设置"对话框,选中"构件类型"中的"下拉组合框",单击"确认"按钮退出,如图3-26所示。

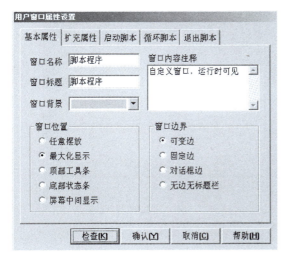

图3-25 用户窗口基本属性设置

图3-26 下拉框构件属性设置

再从"工具箱"中选3次"标签",放在桌面上,分别为"下拉框演示程序""姓名"和"下拉框选择输出"。前两个标签是静态文字标签,第三个是显示输出标签,显示输出属性设置如图3-27所示,其中"姓名"是在数据库中定义的字符型数据变量。

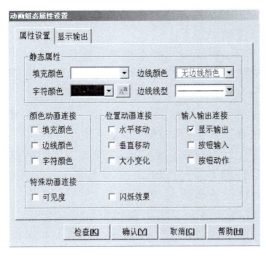

图3-27 显示输出属性设置

从"工具箱"中单击"常用图符"图标 🔼 ，弹出"常用图符"，选中"凹槽平面"图标 ▢ 与"凹平面"图标 ▢ ，放在桌面适当位置，通过"置于最前面"图标 🔳 、"置于最后面"图标 🔳 、"向前一层"图标 🔳 、"向后一层"图标 🔳 ，做成立体效果，效果图如图3-24所示。

在MCGS组态软件工作台上，单击"用户窗口"，选中窗口名称为"脚本程序"的用户窗口，单击"窗口属性"按钮，弹出"用户窗口属性设置"对话框，其中"启动脚本"选项卡和"循环脚本"选项卡的组态设置如图3-28所示。

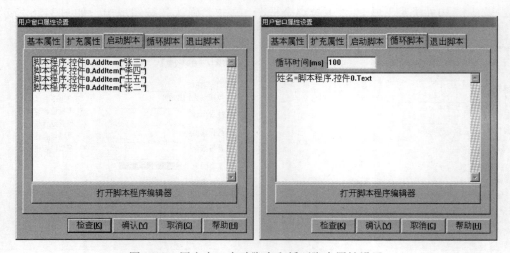

图3-28　用户窗口启动脚本和循环脚本属性设置

3.4.2　脚本程序在"标准按钮"中的应用

1. 计数器操作演示

系统计数器的序号为1~255，MCGS系统内嵌255个系统计数器。以1号计数器为例，要求用按钮启动、停止1号计数器，使1号计数器复位，给1号计数器限制最大值。定时器和计数器相关函数功能可以查看"在线帮助"。具体操作如下：

在MCGS组态软件工作台上，单击"用户窗口"，再双击"脚本程序"窗口，进入"动画组态"，从"工具箱"中选中5次"标签"，按图3-24放置，作为静态文字显示，分别为"1号计数器操作演示""1号计数器计数""1号计数器显示""1号计数器工作状态""1号计数器最大值"。再从"工具箱"中选中3次"标签"，也按图3-24放置，作为"1号计数器计数""1号计数器显示""1号计数器工作状态"在运行时对应的显示输出。从"工具箱"中选中"输入框"，作为"1号计数器最大值"运行时对应的输入。在所用到的数据变量中，"计数器1号""计数器1号时间显示""计数器1号工作状态""计数器1号最大值"的属性设置见表3-7，参照列表进行设置即可。属性设置如图3-29所示。

在设置"计数器1号工作状态"显示输出属性时，因为"输出值类型"是"开关量输出"，在"输出格式"里必须填写"开时信息"和"关时信息"的状态；否则，在运行环境下"计数器1号工作状态"没有状态显示。

图 3-29　计数器数据对象属性设置

　　进行以上设计后，在运行中并不能如我们所想象的显示 1 号计数器的当前值、状态、时间。因为我们还没有给以上数据变量赋值（即跟 1 号计数器的运行状态连接起来）；为达到组态效果，在窗口名称为"脚本程序"的用户窗口的循环脚本中加入如下语句：

```
计数器 1 号 = ! TimerValue (1, 0)
计数器 1 号时间显示 = $ Time
计数器 1 号工作状态 = !TimerState (1)
```

　　其中，系统函数!TimerValue (计数器号，0)的功能为读取计数器的当前值；系统函数!TimerState (计数器号) 的功能为读取计数器的工作状态。

　　如图 3-30 所示，这样当进入运行环境时就能实时显示计数器 1 号的当前值、时间、工作状态。

　　我们用按钮来控制 1 号计数器的启动、停止、复位、最大值限制。具体如下：

　　从"工具箱"中选四次"标准按钮"，制作四个标准按钮，拖放到桌面适当位置，如图 3-24 所示，标准按钮属性设置如图 3-31 所示。

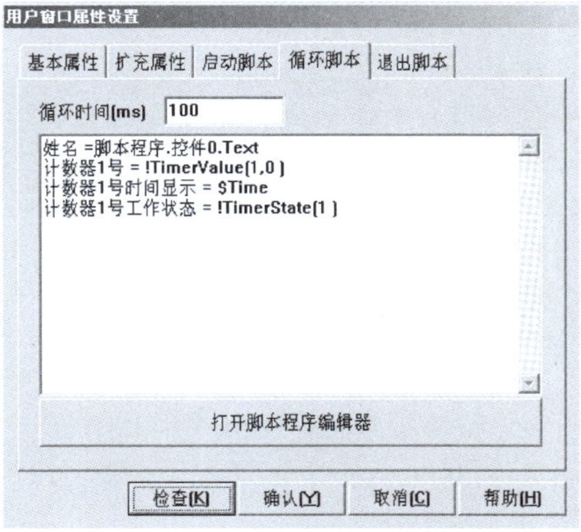

图 3-30　用户窗口循环脚本属性设置

a) 启动

b) 停止

c) 复位

d) 最大值限制

图 3-31　四个标准按钮属性设置

2. 字符串操作演示

在实际应用过程中我们经常要用到字符串操作，例如对西门子 200 系列 PLC 中的 V 数据存储器进行处理。输入 0～9999 的某个数，先要把这个数转换为字符串，不足四位字符时，前面补 "0"，再对字符串进行分解，分解后先转换为相应的 ASCII 码，再用 16 进制表示。具体操作如下：

在 MCGS 组态软件工作台上，单击"用户窗口"，再双击"脚本程序"窗口，进入"动画组态"，从"工具箱"中选中 3 次"标签"，按图 3-24 所示放置，作为静态文字显示，分别为"字符串操作演示""输入数值""字符串显示"。再从"工具箱"中选中"输入框"，放在"输入数值"后面，输入框构件属性设置如图 3-32 所示。

从"工具箱"中再选中"标签"，放在"字符串显示"后面，用于字符串的显示输出。标签动画组态属性设置如图 3-33 所示。

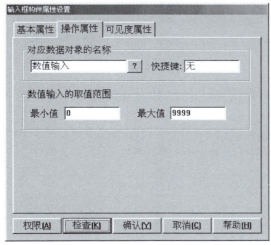

图 3-32　输入框构件属性设置

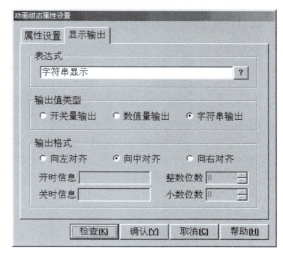

图 3-33　标签动画组态属性设置

从"工具箱"中选中 3 次"标准按钮"，分别拖放到桌面适当位置，如图 3-24 所示，按钮名称分别为"数值转变为字符串""字符串分解为单个字符"和"字符转为 ASCII 码用 16 进制显示"。属性设置如图 3-34 所示。

从"工具箱"中选中"标签"拖放到桌面适当位置，再用"工具条"中的"复制"按钮，复制 7 个，一共创建 8 个标签，分别用于显示分解的字符及用 ASCII 码转换后的 16 进制数值。可以用"编辑条"中的  工具对 8 个标签进行排列处理。布置在第一排的 2 个标签的属性设置如图 3-35 所示，分别为"字符串分解 1"和"数据显示 1"的动画组态属性设置，"字符串分解 2""字符串分解 3""字符串分解 4"属性设置只需要把图 3-35a "显示输出"中"表达式"中的"字符串分解 1"相应地改为"字符串分解 2""字符串分解 3""字符串分解 4"；"数据显示 2""数据显示 3""数据显示 4"属性设置只需要把图 3-35b "显示输出"中"表达式"中的"数据显示 1"相应地改为"数据显示 2""数据显示 3""数据显示 4"即可，以上所用到的数据对象均在表 3-7 中做了定义说明。

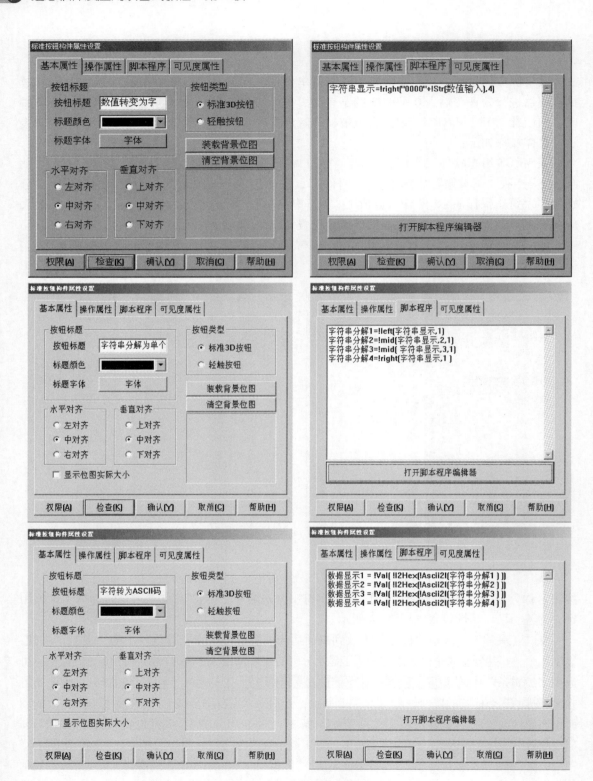

图 3-34　3 个标准按钮构件属性设置

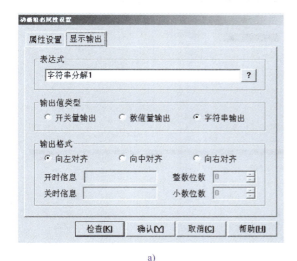

a)

b)

图 3-35　2 个标签的动画组态属性设置

3.4.3　脚本程序在事件中的应用

在 MCGS 组态软件工作台上，选择"用户窗口"标签，选择新建窗口，把新建的窗口名称定义为"子窗口"，在"子窗口"中放置四个标签，其中两个标签作为静态文字，分别输入"计数器 1 号当前值 =""计数器 1 号最大值 ="。另两个标签设置为对应的显示输出，对应的表达式分别为"计数器 1 号""计数器 1 号最大值"，如图 3-36a 所示。"计数器 1 号"组态结果及属性设置如图 3-36b 所示，"计数器 1 号最大值"的输出属性设置是一样的，只是对应的表达式改为"计数器 1 号最大值"。

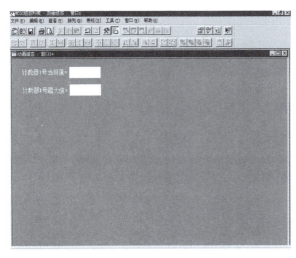

a)

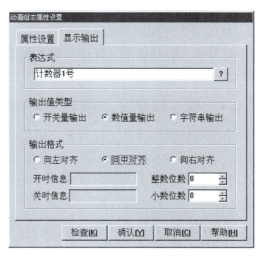

b)

图 3-36　标签的组态结果及属性设置

打开"脚本程序"用户窗口，单击鼠标右键，选择"事件"菜单命令，则弹出"事件组态"对话框。选择"Click"事件，打开"事件参数连接组态"对话框，单击"事件连接脚本"，打开脚本程序编辑器，在脚本程序编辑器中输入语句，或者在脚本程序编辑器中打开右边的"用户窗口"目录，再打开"脚本程序"目录，在"方法"中选择"OpenSubWnd"双击，组态过程如图 3-37 所示。

图 3-37　事件组态

在脚本程序编辑器中添加子窗口代码"用户窗口．脚本程序．Open-SubWnd (子窗口, 650, 450, 150, 150, 0)"，此代码的引用是显示子窗口，从左至右依次包含 6 个参数：

1）参数 1：表示显示的窗口名。

2）参数 2：整型，打开子窗口相对于本窗口的 X 坐标。

3）参数 3：整型，打开子窗口相对于本窗口的 Y 坐标。

4）参数 4：整型，打开子窗口的宽度。

5）参数 5：整型，打开子窗口的高度。

6）参数 6：打开子窗口的类型（包括 6 种表示法，"0"表示是否模式打开，使用此功能，必须在此窗口中使用 CloseSubWnd 来关闭本子窗口，子窗口外别的构件对鼠标操作不响应；其他功能可参考"在线帮助"）。

这样在运行环境下，打开"脚本程序"用户窗口，在窗口中单击鼠标左键，就会弹出我们定义的子对话框。

3.4.4　脚本程序在"菜单"中的应用

在 MCGS 组态软件工作台上，单击"主控窗口"进入"菜单组态"，在"工具条"中单击"新增菜单项"，产生菜单"操作 0"，双击"操作 0"菜单，弹出"菜单属性设置"对话框，设置如图 3-38 所示，在"脚本程序"中输入如下脚本程序：

```
数值输入 = 689                          '赋初值
计数器 1 号最大值 = 60                    '赋初值
!TimerStop(1)                          '使 1 号计数器停止工作
!TimerReset(1, 0)                      '使 1 号计数器复位
!TimerSetLimit(1, 计数器 1 号最大值, 0)   '设置 1 号计数器的上限为 60
                                       '运行到 60 后重新循环运行
```

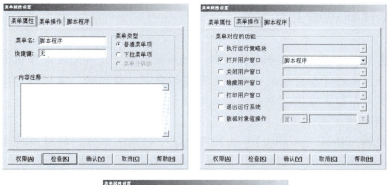

图 3-38 菜单属性设置

按 <F5> 键进入运行环境，单击"脚本程序"菜单，打开"脚本程序"窗口，单击"启动 1 号计数器"按钮，让 1 号计数器启动运行；单击"数值转变为字符串"按钮、"字符串分解为单个字符"按钮和"字符转为 ASCII 码用 16 进制显示"按钮，当在窗口中单击鼠标左键时就会弹出子对话框，运行效果如图 3-39 所示。

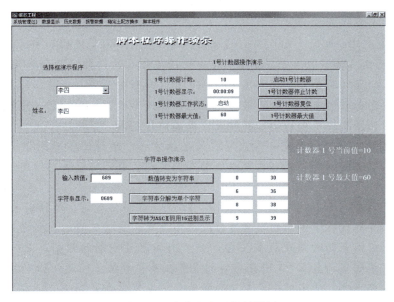

图 3-39 脚本程序运行效果图

视野拓展 创新思维工具方法

创新思维是指在解决问题、开发新产品、设计新方案、改进流程或提出新理念时，采用创造性和独特的方式思考和行动的能力。创新思维强调从传统的、常规的思维模式中脱颖而出，寻找新的视角和解决方案。创新思维能够助力个人和企业不断推陈出新，提升竞争力。

1. 主流创新思维工具方法

（1）头脑风暴（Brain Storming） 头脑风暴是一种团队合作的创新工具方法，旨在鼓励参与者自由发表想法，激发创新思维。其特点是开放性、灵活性和包容性，常用于团队会议、创意工作坊等场合，是一种最为实用的集体创造性解决问题的方法，以帮助团队快速产生创意和解决问题。

（2）SWOT分析 SWOT分析是一种常用的战略规划工具，用于评估一个项目、产品或企业的优势（Strength）、劣势（Weakness）、机会（Opportunity）和威胁（Threat）。SWOT分析通常用于战略规划、方案策划、市场营销等领域，助力个人和企业识别内部、外部环境中的机遇和挑战，从而有效指导创新和发展战略。

（3）TRIZ方法 TRIZ是一种系统化的创新方法，旨在通过分析和应用已有的发明和创新原理来解决问题。其特点是注重系统性和方法论，主要用于技术创新和工程设计领域，可以帮助人们更有效地发现和解决问题。

（4）Six Sigma Six Sigma是一种质量管理方法，旨在通过减少变异性和缺陷来提高产品、技术方案和流程的质量。虽然它主要用于质量改进，但也可以促进创新，特别是在流程优化和效率提升方面。

（5）思维导图 思维导图是一种可视化的思维工具，用于记录和组织思考过程、想法和信息。它由一个中心主题或概念开始，然后延伸出分支，每个分支表示一个相关的子主题或概念。思维导图通常以树状结构呈现，以图形、颜色和文字的形式来表达思维之间的关联和层次关系，从而激发创意的火花。

（6）Me-We-Us画布 Me-We-Us指Me（我）、We（我们）和Us（我们之间）。Me部分包括自己个人的目标和想法，We部分包括与他人共同的目标和想法，Us部分包括自己与他人之间的互动和合作。在使用Me-We-Us画布时，可以将自己的想法写在相应的部分，并使用图形和颜色来帮助自己更好地表达。Me-We-Us画布是一种创新型的团队建设工具，可以帮助团队成员更好地了解彼此，提高协作效率。

（7）类比创新 类比创新是一种启发式的思维方式，通过比较不同领域或概念的相似性来促进思考、解决问题和创新。它可以帮助人们超越已有的框架和思维定式，发现新的关联和可能性。

（8）六顶思考帽 六顶思考帽是指白帽、红帽、黄帽、黑帽、绿帽和蓝帽，穿戴不同颜色的思考帽，分别代表了不同的思考角色或思维方式，能够更好地应对问题，可以从多个角度思考，并制定出全面的解决方案。它是一个全面思考问题的模型，是一条向前发展的路，强调的是"能够成为什么"，避免将时间浪费在互相争执上。运用六顶思考帽，将会使混乱的思考变得更清晰，使团体中无意义的争论变成集思广益的创造，使每个人变得富有创造性。

2. 选用原则

头脑风暴、SWOT分析、TRIZ方法、Six Sigma、思维导图、Me-We-Us画布和类比创新都是用于解决问题和促进创新的工具方法，但它们各有侧重和适用范围，实践中可以单独应用，也可以结合使用。具体选用原则参考如下：

（1）问题类型和目标原则　如果目标是快速产生大量创意或解决方案，头脑风暴和六顶思考帽可能是更好的选择，因为它们可以激发团队的创造力和想象力，并制定出全面的解决方案。

如果需要评估一个项目、一个方案或组织的内外部情况，并确定其优势、劣势、机会和威胁，SWOT分析是一个非常实用的工具。

如果面临的是技术性或工程性的难题，并且需要系统化地解决问题，TRIZ方法可能更适合，因为它提供了一套系统化的问题解决原则和方法。

如果关注的是流程质量和效率改进，Six Sigma可能是更好的选择，因为它专注于减少变异性和缺陷，提高产品和流程的质量。

如果问题具有一定的相似性，类比创新可通过已经学过的知识点启发自己来类比推理出与之相近的新的知识点，方便快捷。

（2）团队特点和资源原则　如果团队规模较大且具有多样化的背景和技能，头脑风暴可能是一个更好的选择，因为它可以让每个人都参与其中，并鼓励开放性的讨论和思路分享。

如果团队具有专业技能，并且需要一种更系统化的方法来解决问题，TRIZ方法可能更适合，因为它提供了一套结构化的工具和方法来分析和解决问题。

如果团队成员之间更好地了解彼此的目标和想法，Me-We-Us画布是最好的选择，能更快地提高协作效率。

（3）问题复杂度和时效性原则　如果问题比较简单且需要快速解决，头脑风暴可能是更合适的选择，因为它可以在短时间内产生大量创意。

如果问题比较复杂，涉及多个方面或需要深入的分析，SWOT分析可能更适合，因为它可以帮助全面评估问题，并制定相应的策略。对于复杂的问题，也可以采用思维导图，以图形、颜色和文字的形式能很快表达多种思维之间的关联和层次关系，条理更清晰。

如果问题是技术性的，并且需要深入的研究和分析，TRIZ方法可能更适合，因为它提供了一套系统化的工具和方法来解决复杂的技术难题。

（4）企业文化和历史原则　如果企业已经习惯使用某种方法，并且已经取得了良好的效果，可能更容易选择该方法。

如果企业正在寻求改变或创新，并且愿意尝试新的方法，那么可以考虑结合使用不同的工具和方法，以获得更全面和有效的解决方案。

总之，创新思维工具方法的选择取决于问题的类型、团队特点、问题复杂度和企业文化等因素。在组态学习和组态工程设计中，应依据具体组态项目和组态任务灵活使用多种创新思维工具方法，以获得更好的组态设计方案。

项目4

设备连接与工程组态实践

项目目标

1. 知识目标

（1）掌握设备窗口的功能，并了解 MCGS 支持的硬件设备类型。

（2）掌握 GE PLC 设备窗口的组态方法和步骤。

（3）掌握西门子 PLC 设备窗口的组态方法和步骤。

（4）掌握数据处理、复杂报表的组态方法和步骤。

（5）掌握延时控制系统、三相异步电动机星形－三角形减压启动控制系统工程组态的思路、方法和步骤。

2. 能力目标

（1）能在设备窗口中完成父设备和子设备的选用。

（2）具备 GE PLC 设备连接组态能力。

（3）具备西门子 PLC 设备连接组态能力。

（4）具备数据处理组态能力。

（5）具备复杂报表组态能力。

（6）具备较强的工程组态能力。

3. 素质目标

（1）培养学生灵活运用思维导图、类比创新、六顶思考帽等创新思维工具进行创新思维的能力。

（2）培养学生沟通协调、团结协作、解决问题及总结、表达能力。

（3）强化工控现场规范操作和电气安全意识。

（4）弘扬工匠精神和创新精神，激励学生走技能成才、技能报国之路。

（5）养成终身自主学习组态新软件、组态新技术的习惯，不断提升自己获取新知识和新技能信息的能力。

（6）养成勇于创新、认真严谨、敬业乐业的工作作风。

（7）培养做产品、做精品的意识，不断提升工程实践能力。

➤▲ 任务 1　了解设备窗口 ▲◄

4.1.1　设备窗口概述

设备窗口是 MCGS 系统的重要组成部分，负责建立系统与外部硬件设备的连接，使得

MCGS 能从外部设备读取数据并控制外部设备的工作状态，实现对工业过程的实时监控。

MCGS 实现设备驱动的基本方法是：在设备窗口内配置不同类型的设备构件，并根据外部设备的类型和特征，设置相关的属性，将设备的操作方法，如硬件参数配置、数据转换、设备调试等都封装在构件之内，以对象的形式与外部设备建立数据的传输通道连接。系统运行过程中，设备构件由设备窗口统一调度管理，通过通道连接，向实时数据库提供从外部设备采集到的数据，从实时数据库查询控制参数，发送给系统其他部分，进行控制运算和流程调度，实现对设备工作状态的实时检测和过程的自动控制。

MCGS 的这种结构形式使其成为一个与设备无关的系统，对于不同的硬件设备，只需定制相应的设备构件，放置到设备窗口中，并设置相关的属性，系统就可对这一设备进行操作，而不需要对整个系统结构做任何改动。

在 MCGS 单机版中，一个用户工程只允许有一个设备窗口，设置在主控窗口内。运行时，由主控窗口负责打开设备窗口。设备窗口是不可见的窗口，在后台独立运行，负责管理和调度设备驱动构件的运行。

由于 MCGS 对设备的处理采用了开放式的结构，在实际应用中，可以很方便地定制并增加所需的设备构件，不断充实设备工具箱。MCGS 将逐步提供与国内外常用的工控产品相对应的设备构件，同时，MCGS 也提供了一个接口标准，以方便用户用 Visual Basic 或 Visual C ++ 编程工具自行编制所需的设备构件，装入 MCGS 的设备工具箱内。MCGS 提供了一个高级开发向导，能为用户自动生成设备驱动程序的框架。

为方便普通工程用户快速定制开发特定的设备驱动程序，MCGS 系统同时提供了系统典型设备驱动程序的源代码，用户可在这些源代码的基础上移植修改，生成自己的设备驱动程序。

对已经编好的设备驱动程序，MCGS 使用设备构件管理工具进行管理，选择"工具"→"设备构件管理项"菜单命令，将弹出图 4-1 所示的"设备管理"对话框。

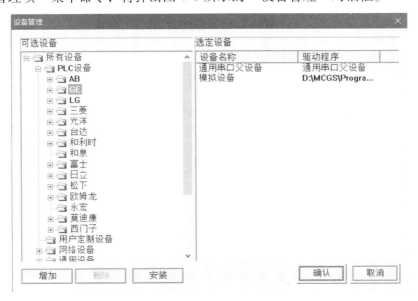

图 4-1　设备管理对话框

设备管理工具的主要功能是方便用户在上百种的设备驱动程序中快速找到适合自己的设备驱动程序，并完成所选设备在 Windows 中的登记和删除登记等工作。

在初次使用 MCGS 设备或用户自己新编设备之前，必须按下面的方法完成设备驱动程序的登记，否则可能会出现不可预测的错误。

设备驱动程序的登记方法：如图 4-1 所示，在对话框左边列出 MCGS 现在支持的所有设备，在窗口右边列出所有已经登记设备，用户只需在对话框左边的列表框中选中需要使用的设备，单击"增加"按钮即完成了 MCGS 设备的登记工作。

设备驱动程序的删除登记方法：在对话框右边的列表框中选中需要删除的设备，单击"删除"按钮即完成了 MCGS 设备的删除登记工作。

MCGS 设备驱动程序的选择：在对话框左边的列表框中列出了 MCGS 所有的设备（在 MCGS 的" \\Program\Drives"目录下的所有设备），可选设备是按一定分类方法分类排列的，用户可以根据分类方法查找自己需要的设备，例如，用户要查找康拓 IPC-5488 采集板卡的驱动程序，需要先找"采集板卡"目录，再在"采集板卡"目录下找"康拓板卡"目录，在"康拓板卡"目录下就可以找到"康拓 IPC-5488"。单击"安装"按钮可以安装其他目录（非 MCGS 的" \\Program\Drives"目录）下的设备。

MCGS 设备目录的分类方法：为了用户在众多的设备驱动中方便快速地找到需要的设备驱动，MCGS 所有的设备驱动都是按合理的分类方法排列的，分类方法如图 4-2 所示。

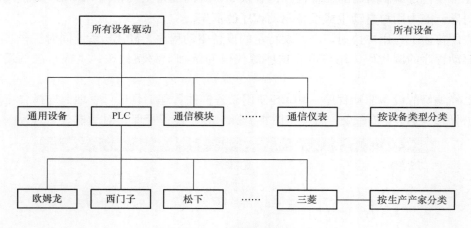

图 4-2 设备驱动分类方法

4.1.2 支持硬件设备

1. 智能模块

MCGS 5.5 以上版本支持以下典型智能模块：

1）研华 ADAM4000 系列、ADAM5000/TPC 系列、ADAM5000/CAN 系列、ADAM8000 系列。

2）研祥亚当 4000 系列。

3）威达 7000 系列。

4）磐仪 NuDAM 的 6000 系列。

5）中泰 RM 系列。

6）泓格 7000 系列、8000 系列。

7）长英模块。

2. 采集板卡

MCGS 5.5 以上版本支持以下典型采集板卡：

1）万控板卡 KS 系列。

2）中泰板卡 PC 系列。

3）先导 I/O 板卡。

4）凌华板卡 ACL 系列、PCI 系列、PET 系列。

5）华远板卡 HY 系列。

6）双诺 AC 板卡。

7）同维板卡 ACL 系列。

8）宏拓板卡 PC 系列、PCI 系列。

9）康拓板卡 APCI 系列、IPC 系列、PCI 系列。

10）武汉瑞风板卡 HS - PCX 系列。

11）泓格 DIO 板卡、ISO 板卡、P8R8DIO 板卡。

12）研华板卡 PCI 系列、PCL 系列。

13）研祥板卡 PCL 系列。

14）科日新板卡 K 系列。

15）艾迅板卡 AX 系列。

16）艾雷斯板卡 DAC 系列。

17）超拓板卡 IPC 系列。

18）阿尔泰板卡 BH 系列、PCI 系列、USB 系列。

3. 智能仪表

MCGS 5.5 以上版本支持以下典型智能仪表：

1）昆仑天辰系列仪表。

2）中控系列无纸记录仪。

3）岛电系列仪表。

4）宇光系列仪表。

5）虹润、上润、昌辉系列仪表。

6）霍尼韦尔仪表。

7）欧姆龙 E5CN 系列仪表。

8）欧陆 EUR 系列仪表。

9）东辉大延仪表。

10）华通仪表。

11）大华仪表。

12）安东仪表。

13）宏益仪表。

14）山武仪表。

15）振太仪表。

16）日本理化仪表。

17）泛达仪表。

18）浙大中自仪表。

19）百特仪表。

20）维光仪表。

21）英华达仪表。

22）西曼控制器。

23）长英仪表。

24）托利多、布勒称、志美、耀华称重仪表。

4. 变频器

MCGS 5.5 以上版本支持下列典型变频器：

1）西门子变频器。

2）伦次变频器。

3）AB 变频器。

4）ABB 变频器。

5）华为变频器。

6）台达变频器。

7）三肯变频器。

8）三菱变频器。

9）丹佛斯变频器。

10）佳灵变频器。

11）北科麦思科变频器。

12）安川变频器。

13）富士变频器。

14）巴马格变频器。

5. PLC

MCGS 5.5 以上版本支持以下典型 PLC 设备：

1）ABB 全系列。

2）GE90（基于 SNP 协议、TCP/IP 协议）。

3）LG MK 系列。

4）三菱 A1S 系列、A2A 系列、A2S 系列、A2USH 系列、A2UFX 系列、A 系列、FX 系列、Q 系列。

5）光洋 CCM 协议、KS 协议。

6）台达系列。

7）和利时全系列。

8）和泉系列。

9）富士 NB 系列。

10）日立系列。

11）松下 FP0 ~ FP10 系列。

12）欧姆龙（基于 Control Link 协议、Ethernet 协议、Host Link 协议）。

13）永宏系列。

14）莫迪康（基于 Modbus- RTU 协议、Modbus-ASCII 协议、Modbus- Plus 协议、Mod-bus- TCP 协议）。

15）西门子 S7_200（自由口、PPI 接口）、S7_300（MPI 接口、Profibus 接口）、S7_400（MPI 接口、Profibus 接口）。

➤▲ 任务2　GE PLC 设备窗口组态 ▲◄

4.2.1　设备选择

以 GE VersaMax Micro 64 PLC 为例，学习硬件设备与 MCGS 组态软件是如何连接的。具体操作如下：

在 MCGS 组态软件工作台上，单击"设备窗口"，再单击"设备组态"按钮进入设备组态。从"工具条"中单击"工具箱"，弹出"设备工具箱"对话框。单击"设备管理"按钮，弹出"设备管理"对话框。从"可选设备"中双击"通用设备"，找到"串口通信父设备"双击，选中其下的"串口通信父设备"双击或单击"增加"按钮，加到右侧已选设备。再双击"PLC 设备"，找到"GE"双击，再双击"GE – SNP"，选中"GE_90PLC"，双击或单击"增加"按钮，加到右侧已选设备，如图 4-3 所示。

单击"确认"按钮，回到"设备工具箱"，如图 4-4 所示。

双击"设备工具箱"中的"串口通信父设备"，再双击"GE_90PLC"，设备选择完毕，如图 4-5 所示。

4.2.2　设备属性设置

双击"设备 0 – ［串口通信父设备］"，弹出"设备属性设置"对话框，如图 4-6 所示，按实际情况进行设置，GE VersaMax Micro 64 PLC 默认参数设置为：波特率 19200bit/s，8 位数据位，1 位停止位，奇校验。参数设置完毕，单击"确认"按钮。如果是首次使用，可单

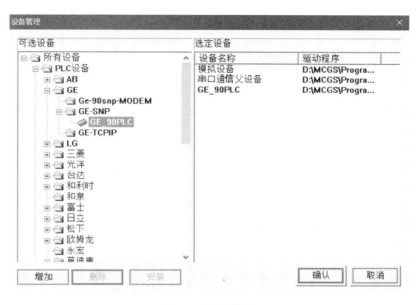

图 4-3　设备管理

图 4-4　设备工具箱　　　　　　　　　　　　　　　图 4-5　设备选择

图 4-6　父设备属性设置

击"帮助"按钮或选中"查看设备在线帮助",单击 ▦ 图标,打开"MCGS 帮助系统",详细阅读。

计算机串行口是计算机和其他设备通信时最常用的一种通信接口,一个串行口可以挂接多个通信设备(如一个 RS‑485 总线上可挂接 255 个 ADAM 通信模块,但它们共用一个串口父设备)。为适应计算机串行口的多种操作方式,MCGS 组态软件采用在串口通信父设备下挂接多个通信子设备的通信设备处理机制,各个子设备继承一些父设备的公有属性,同时又具有自己的私有属性。在实际操作时,MCGS 提供一个串口通信父设备构件和多个通信子设备构件,串口通信父设备构件完成对串口的基本操作和参数设置,通信子设备构件则为串行口实际挂接设备的驱动程序。

"GE_90PLC"构件用于 MCGS 操作和读写 GE 90 系列和 VersaMax Micro 系列 PLC 设备的各种寄存器的数据或状态。本构件使用 GE SNP 通信协议,采用通用的 RS‑232 接口,能够方便快速地与 PLC 通信。

双击"设备 1‑GE_90PLC",弹出"设备属性设置"对话框,如图 4-7 所示,在属性设置之前,建议先仔细阅读"MCGS 帮助系统",了解在 MCGS 组态软件中如何操作 GE_90PLC。

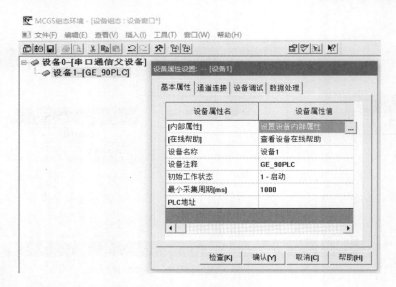

图 4-7　子设备属性设置

选中"基本属性"选项卡中的"设置设备内部属性",出现 ▦ 图标,单击 ▦ 图标,弹出"GE_90PLC 通道属性设置"对话框,如图 4-8 所示。

系统默认的是 8 个 PLC 通道,分别为 I1～I8。可根据系统组态需要删除不必要的通道,增加需要的通道。单击"增加通道"按钮,弹出"增加通道"对话框,如图 4-9 所示,设置好后单击"确认"按钮。

GE_90PLC 设备构件把 PLC 的通道分为只读、只写和读写三种情况,只读用于把 PLC 中的数据读入 MCGS 的实时数据库中,只写用于把 MCGS 实时数据库中的数据写入 PLC 中,读写则可以从 PLC 中读数据,也可以往 PLC 中写数据。当第一次启动设备工作时,把 PLC 中的数据读回来,以后若 MCGS 不改变寄存器的值则把 PLC 中的值读回来。若 MCGS 要改变当前值则把值写到 PLC 中，这种操作的目的是防止用户 PLC 程序中有些通道的数据在计算机第一次启动或计算机中途死机时不能复位，同时也可以节省变量的个数。

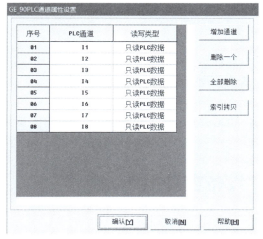

图 4-8　子设备通道属性设置　　　　　　　　图 4-9　子设备增加通道

依次增加两个 Q 继电器通道，分别为 Q1、Q2，操作方式为只读；再增加一个 R 寄存器通道，通道地址为 1，即 R1，操作方式也是只读。

另外，在"通道连接"选项卡中还可以根据需要设置相应的虚拟通道。虚拟通道是实际硬件设备不存在的通道，为了便于处理中间计算结果，并且把 MCGS 中数据对象的值传入设备构件供数据处理使用，MCGS 在设备构件中引入了虚拟通道的概念。在增加模拟通道时需要设置好设备的数据类型、通道说明（是用于向 MCGS 输入数据还是用于把 MCGS 中的数据输出到设备构件中来）。

"通道连接"选项卡按图 4-10 设置。

4.2.3　设备在线调试

在"设备调试"选项卡中可以在线调试 GE_90PLC，如图 4-11 所示。

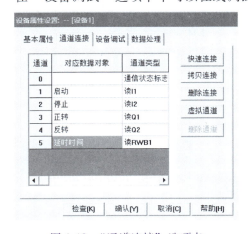

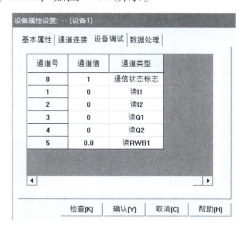

图 4-10　"通道连接"选项卡　　　　　　　图 4-11　设备调试

图中"通信状态标志"为"1"则表示通信失败；为"0"则表示通信正常，各通道显示实时数值。如通信失败，则按以下方法排除：

1）检查PLC是否上电。

2）检查通信电缆是否正常。

3）检查父设备、子设备的通信参数是否正确。

4）确认PLC的实际地址是否和设备构件"基本属性"选项卡中的地址一致，若不知道PLC的实际地址，则用编程软件的搜索工具检查，若有则会显示PLC的地址。

5）检查对某一寄存器的操作是否超出范围。

其他设备如板卡、模块、仪表及PLC等，在用MCGS组态软件调试前，请详细阅读硬件使用说明与MCGS在线帮助系统。

▶▶ 任务3　西门子PLC设备窗口组态 ◀◀

4.3.1　设备选择

以西门子S7-200PLC为例，学习硬件设备与MCGS组态软件是如何连接的。具体操作如下：

在MCGS组态软件工作台上，单击"设备窗口"，再单击"设备组态"按钮进入设备组态。从"工具条"中单击"工具箱"，弹出"设备工具箱"对话框。单击"设备管理"按钮，弹出"设备管理"对话框。从"可选设备"中双击"通用设备"，找到"串口通信父设备"双击，选中其下的"串口通信父设备"双击或单击"增加"按钮，加到右侧已选设备。再双击"PLC设备"，找到"西门子"双击，再双击"S7-200-PPI"，选中"西门子S7-200PPI"双击或单击"增加"按钮，加到右侧已选设备，如图4-12所示。

单击"确认"按钮，回到"设备工具箱"，如图4-13所示。

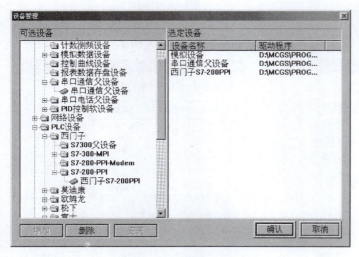

图4-12　设备选择窗口

图4-13　设备工具箱

双击"设备工具箱"中的"串口通信父设备",再双击"西门子S7－200PPI",设备选择完毕,如图4-14所示。

图4-14　设备选择

4.3.2　设备属性设置

双击"设备1－[串口通信父设备]",弹出"设备属性设置"对话框,如图4-15所示,按实际情况进行设置,西门子默认参数设置为:波特率9600bit/s,8位数据位,1位停止位,偶校验。参数设置完毕,单击"确认"按钮。如果是首次使用,可单击"帮助"按钮或选中"查看设备在线帮助",单击 ▦ 图标,打开"MCGS帮助系统",详细阅读。

S7－200PPI构件用于MCGS操作和读写西门子S7－21×、S7－22×系列PLC设备的各种寄存器的数据或状态。本构件使用西门子PPI通信协议,采用西门子标准的PC\PPI通信电缆或通用的RS232/485转换器,能够方便、快速地与PLC通信。

双击"设备2－[西门子S7－200PPI]",弹出"设备属性设置"对话框,如图4-16所示,在属性设置之前,建议先仔细阅读"MCGS帮助系统",了解在MCGS组态软件中如何操作西门子S7－200PPI。

图4-15　父设备属性设置

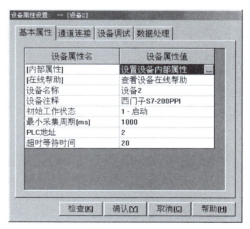

图4-16　子设备属性设置

选中"基本属性"选项卡中的"设置设备内部属性",出现 ▦ 图标,单击 ▦ 图标,弹出"西门子S7-200PLC通道属性设置"对话框,如图4-17所示。

单击"增加通道",弹出"增加通道"对话框,如图4-18所示,设置好后单击"确认"按钮。

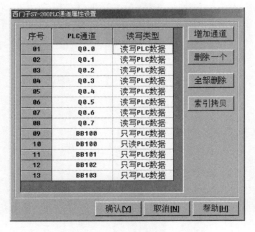

图4-17 子设备通道属性设置

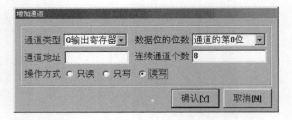

图4-18 增加通道

西门子S7-200PLC设备构件把PLC的通道分为只读、只写、读写三种情况。在"通道连接"选项卡中可以根据需要设置相应的虚拟通道。"通道连接"选项卡按图4-19所示设置。

4.3.3 设备在线调试

在"设备调试"选项卡中可以在线调试"西门子S7-200PPI",如图4-20所示。

图4-19 通道连接

图4-20 设备调试

如果"通信状态标志"为"0"则表示通信正常,否则MCGS组态软件与西门子S7-200 PLC设备通信失败。如通信失败,可按4.2.3节的方法排除。

任务4　数据处理

4.4.1　网络数据同步

网络数据同步用来在网络系统中，对各主机上 MCGS 的实时数据对象进行同步处理，使网络上各主机中的实时数据保持一致性。

网络数据同步设备是一个子设备，它必须位于一个网络父设备中，通过父设备（高速网络：TCP/IP；低速网络：Moxa；低速网络：Modem）来完成数据的网络通信工作。

在设备窗口中添加一个网络父设备（高速网络：TCP/IP；低速网络：Moxa；低速网络：Modem），正确设置后，确认网络测试正常。

打开"设备工具箱"，若网络数据同步设备在"设备工具箱"的话，双击，将它添加到"设备窗口"中网络父设备下；若设备工具箱中没有，单击"设备管理"，从"通用设备"中将网络数据同步设备添加到"设备工具箱"中。根据以下提示设置设备构件属性，即可使用。双击"设备工具箱"中的"网络数据同步"设备，其属性设置如图 4-21 所示。

（1）基本属性　在"基本属性"选项卡中，可以设置本设备在 MCGS 中的名称、处理周期等基本属性。

1）设备名称：本构件的名称，远程工作站中使用该名称来和本构件进行通信。

2）处理周期：MCGS 循环调用本构件进行网络同步通信的时间周期。

3）运行时自动开始处理：如果选择了本选项，运行时，MCGS 将按设定的周期调用本构件。如本构件只提供服务，响应其他主机的请求，则不选择本项，也就是说，数据接收方通常不选择此选项。

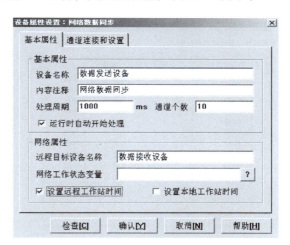

图 4-21　网络数据同步设备基本属性设置

4）远程目标设备名称：指定本设备构件要和远程主机中进行通信的设备构件的名称。如本构件只提供服务，则可以不设置本项。

5）通道个数：要同步的数据对象的个数。

6）网络工作状态变量：检测网络的工作状态，若网络通信正常，连接的数据对象的值被置为 1，不正常则置 0。

7）设置远程工作站时间：以本机工作站的时间为基准时间设置远程工作站的时间。

8）设置本地工作站时间：以远程工作站的时间为基准时间设置本机工作站的时间。

（2）通道连接和设置　"通道连接和设置"选项卡主要用以设置同步数据对象及其相关属性，如图 4-22 所示。

1）本机对象名：本机要同步的 MCGS 数据对象。

2）远程对象号：远程目标设备要同步的数据对象对应的通道号。

3）类型：要同步的 MCGS 数据对象的类型，有开关型、数值型和字符型。

4）方向：有"输入"和"输出"两种选择，"输入"代表从远程工作站中读入同步对象的值，同步到本机的 MCGS 对应的数据对象；"输出"代表从本机中读取要同步的 MCGS 数据对象的值，同步到远程工作站的对应 MCGS 数据对象中。

以上就是通过网络数据同步构件来介绍网络数据同步的实现方法。网络数据同步既可以适用于 MCGS 通用版和网络版，也适用于 MCGS 嵌入版，也可以在这三个版本中相互使用。

4.4.2 数据前处理

在实际应用中，经常需要对从设备中采集到的数据或输出到设备的数据进行处理，以得到实际需要的工程物理量，如从 AD 通道采集进来的数据一般都为电压值（单位：mV），需要进行量程转换或查表、计算等处理才能得到所需的工程物理量。MCGS 系统对设备采集通道的数据可以进行八种形式的数据处理，包括：多项式、倒数、开方、滤波、工程转换、函数调用、标准查表计算、自定义查表计算，各种处理可单独进行，也可组合进行。MCGS 的数据前处理与设备是紧密相关的，在 MCGS 设备窗口下，打开设备构件，设置其"数据处理"选项卡即可进行 MCGS 的数据前处理组态，如图 4-23 所示。

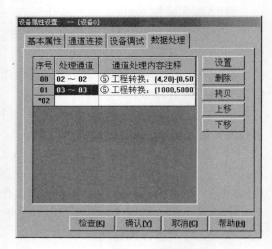

图 4-22　网络数据同步设备通道连接和设置　　　图 4-23　数据处理

单击"设置"按钮则打开"通道处理设置"对话框，进行数据前处理组态，如图 4-24 所示。

在"通道处理设置"对话框中，进行数据前处理的组态设置。例如：对设备通道 3 的输入信号 1000 ~ 5000mV（采集信号）工程转换成 0 ~ 100RH（传感器量程）的湿度，则选择第⑤项工程转换，设置如图 4-25 所示。

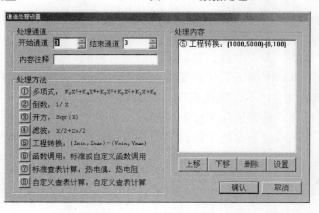

图 4-24　通道处理设置

在 MCGS 运行环境中则根据输入信号的大小采用线性插值方法转换成工程物理量范围。

MCGS 数据前处理 8 种方式说明如下：

1）多项式：多项式是对设备的通道信号进行多项式（系数）处理，可设置的处理参数有 K0~K5，可以将其设置为常数，也可以设置成指定通道的值（通道号前面加"！"）。如图 4-26 所示，多项式的系数 K0 的数值为通道 5 的数值。另外，双击"＊"，则乘除关系变为"/"；同样，双击"/"，则乘除关系变为"＊"，这样可选择参数值和计算输入值的乘除关系。

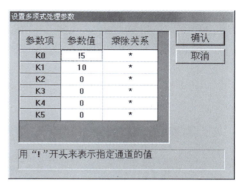

图 4-25　工程量转换　　　　　图 4-26　设置多项式处理参数

2）倒数：对设备输入信号求倒数运算。

3）开方：对设备输入信号求开方运算。

4）滤波：也叫中值滤波，将设备本次输入信号的 1/2 加上次的输入信号的 1/2。

5）工程转换：把设备输入信号转换成工程物理量。

6）函数调用：函数调用用来对设定的多个通道值进行统计计算，包括：求和、求平均值、求最大值、求最小值、求标准方差。此外，还允许使用动态库来编制自己的计算算法，挂接到 MCGS 中来，达到可自由扩充 MCGS 算法的目的。在"处理方法"中选择"函数调用"，其属性如图 4-27 所示。在图 4-27 中选择"用户自定义函数"，如图 4-28 所示，需要指定用户自定义函数所在的动态库所在的路径和文件名，以及自定义函数的函数名。

图 4-27　函数调用　　　　　图 4-28　用户自定义函数设置

7）标准查表计算：如图 4-29 所示，标准查表计算包括八种常用热电偶和 Pt100 热电阻查表计算。对热电偶查表计算，需要指定使用作为温度补偿的通道（热电偶已作冰点补偿时，不需要温度补偿），在查表计算之前，先要把作为温度补偿的通道的采集值转换成实际温度值，把热电偶通道的采集值转换成实际的毫伏数。对 Pt100 热电阻进行查表之前，应先使用其他方式把通过 AD 通道采集进来的电压值转换成为 Pt100 的电阻值，然后再用电阻值查表得出对应的温度值。

8）自定义查表计算：如图 4-30 所示，自定义查表计算处理首先要定义一个表，在每一行输入对应值；然后再指定查表基准。注意：MCGS 规定用于查表计算的每列数据，必须以单调上升或单调下降的方式排列，否则，无法进行查表计算。在图 4-30 中，查表基准是第一列，MCGS 系统处理时首先将设备输入信号对应基准（第一列）线性插值，第二列给出相应的工程物理量，即基准输入信号，对应工程物理量（传感器的量程）。

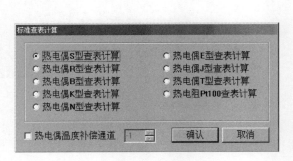

图 4-29 标准查表计算

图 4-30 自定义查表计算

4.4.3 数据后处理

MCGS 中的数据后处理，其本质上是对历史数据库的处理，MCGS 的存盘历史数据库是原始数据的基本集合，MCGS 数据后处理就是对这些原始数据的数据操作（修改、删除、添加、查询等数据库操作）。数据后处理的目的是要从这些原始数据中提炼出对用户真正有用的数据和信息并以数据报表的形式展示出来。

在工程应用中，对采集的工程物理量存盘后，需要对数据库进行操作和对存盘的数据进行各种统计，以根据需要做出各种形式的报表。MCGS 组态软件提供的存盘数据浏览构件、存盘数据提取构件和历史表格构件可以完成各种形式的数据报表，MCGS 组态软件数据处理流程如图 4-31 所示。

图 4-31 中，数据从采集设备输入，通过设备驱动进入实时数据库，MCGS 组态软件可对实时数据库的实时变量进行数据显示和曲线显示，同时可通过数据存盘控制器随时对变量的存盘周期和方式进行修改，可对在硬盘上存好的数据进行多种处理。

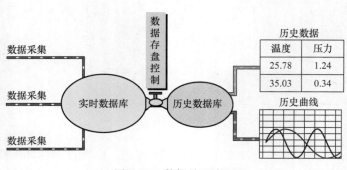

图 4-31 数据处理流程

MCGS 存盘数据浏览构件可以对存好的数据直接进行显示、打印、查询、修改、删除、添加记录和统计。MCGS 存盘数据提取构件可以对存好的数据按照一定的时间间隔或不同的统计方式进行提取处理，可以把数据提取到 MCGS 实时数据库中的变量中，也可以根据一定的查询条件把相关的数据提取到其他的各种形式的数据库。用 MCGS 存盘数据提取构件配合 MCGS 历史表格可以完成工控项目中最常使用的各种形式的报表（如标准形式的日报表、月报表、年报表，不定记录项的报表，定要求查询报表等）。

4.4.4　数据提取

我们通过实例来进行详细讲解，具体如下：

1. 新建一个窗口

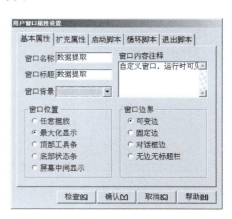

在 MCGS 组态软件工作台上，单击"用户窗口"进入，再单击"新建窗口"按钮，生成"窗口 0"，选中"窗口 0"，单击"窗口属性"按钮，弹出"用户窗口属性设置"对话框，设置完毕后单击"确认"按钮，如图 4-32 所示。

双击名称为"数据提取"的用户窗口进入动画组态，最终组态效果如图 4-33 所示。

图 4-32　用户窗口属性设置

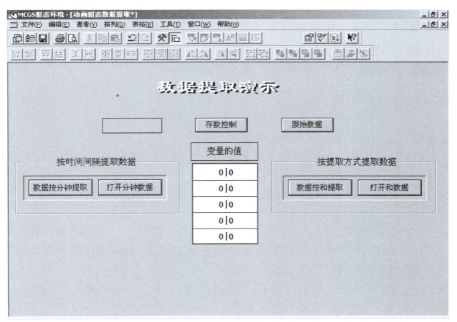

图 4-33　数据提取演示窗口效果图

2. 模拟所需要的数据

在实时数据库中建立 7 个变量，分别为"数据 1""数据 2""数据 3""数据 4""数据

5"" 数据组"及"存数控制"。"数据1""数据2""数据3""数据4"和"数据5"为数值型变量,"存数控制"为开关型变量,"数据组"为组对象。数据组属性设置如图4-34所示。

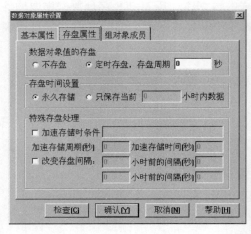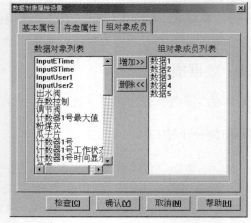

图 4-34　数据组属性设置

在 MCGS 组态软件工作台上,单击"运行策略",再双击"循环策略"或选中"循环策略",单击"策略组态"进入策略组态中。首先双击 ![icon] 修改循环时间为"1000",即循环执行策略的时间为 1000ms。再从工具条中单击"新增策略行"图标 ![icon] ,新增加一个策略行。再从"策略工具箱"中选取"脚本程序",拖到策略行 ![icon] 上,单击鼠标左键。

双击条件构件图标 ![icon] ,弹出"表达式条件"对话框,按图 4-35 所示进行设置。

双击 ![icon] 进入脚本程序编辑环境,输入下面的语句:

```
数据1=数据1+1
数据2=数据2+2
数据3=数据3+3
数据4=数据4+4
数据5=数据5+5
!SaveData(数据组)      '把数据组对象的值保存在硬盘上,也可查阅在线帮助
```

其中,!SaveData(数据组)表示:把组对象"数据组"的所有成员对应的当前值存入存盘数据库中。本函数的操作使对应的数据对象的值存盘一次。此数据对象必须具有存盘属性,且存盘时间需设为 0s,否则会操作失败。

我们可以把数据实时显示出来,打开"数据提取"窗口,按图 4-33 所示在窗口上放置一个表格和一个标签,把表格变为 5 行 1 列,1~5 行分别对应数据1、数据2、数据3、数据4、数据5,在标签内输入"变量的值",如图 4-36 所示。这样在运行环境下,打开"数据提取"窗口,单击"存数控制"按钮,就会看到不断变化的数据变量。

在 MCGS 组态软件工作台上,单击"运行策略"进入策略组态,再单击右侧的"新建策略"按钮,弹出"选择策略类型"窗口,选中"用户策略",会产生"策略1",单击"策略属性"按钮,弹出"策略属性设置"对话框,按图 4-37 所示设置。

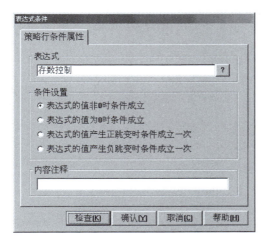

图 4-35　表达式条件设置　　　　　图 4-36　数据实时显示组态

　　双击"原始数据"进入策略组态，单击工具条中的"新增策略行"，从"工具箱"中选中"存盘数据浏览"拖放到策略行 ▭ 上，单击鼠标左键放好。双击 ▭ ，弹出"存盘数据浏览构件属性设置"对话框。

　　（1）基本属性　在"基本属性"选项卡内，设置窗口显示标题、打印属性、统计方式及打印方式等功能构件的基本属性，按图 4-38 所示设置。

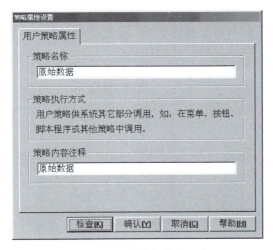

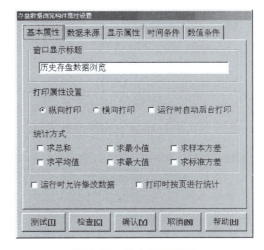

图 4-37　原始数据策略组态　　　　　图 4-38　基本属性设置

　　1）窗口显示标题：设置窗口显示的标题名，并且打印时本构件的默认标题名和窗口标题名相同。

　　2）打印属性设置：设置打印的方向和自动后台打印方式。

　　3）统计方式：有求总和、求最大值、求最小值、求平均值、求样本方差与求标准方差几种统计方式可供选择，用以实现对数据对象的数据处理。

　　4）运行时允许修改数据：选中此项后，在 MCGS 运行环境中才允许本构件修改存盘数

117

据，在组态环境中，对修改数据没有限制。

5）打印时按页进行统计：选中此项后，打印时按统计方式对打印的每一页进行统计。

（2）数据来源 在"数据来源"选项卡中设置获取存盘数据的方式，用户可以选择三种方式来得到数据，如图4-39所示。

1）MCGS组对象对应的存盘数据表：使用MCGS的存盘数据对象中包含的数据作为显示和打印的数据。

2）Access数据库文件：从用户指定的数据库的某个表中读取数据对象作为显示和打印的数据对象。

3）ODBC数据库：通过ODBC数据接口从指定的表中获取数据对象作为显示和打印的数据对象。

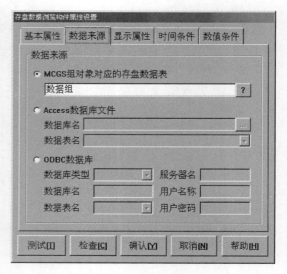

图4-39 数据来源

（3）显示属性 在"显示属性"选项卡中设置在运行环境中运行此功能构件时功能构件的显示方式，包括表格和数据的显示格式，如图4-40所示。

1）数据列：显示打开的数据库中指定数据表的字段域名称。

2）表头：设置数据显示时表头的标题，系统默认与字段域名称相同。

3）单位：设置数据列对应的单位，显示在表头上（只对数值型的字段域有效）。

4）小数：设置数据列显示小数的位数（只对数值型的字段域有效）。

5）时间显示格式：设置时间数据列的显示格式。

6）功能按钮：通过上移、下移、删除及复位等按钮，可以修改数据表格的显示方式。

（4）时间条件 通过设置"时间条件"选项卡的属性，可以得到指定的时间段内的数据，且可以指定这些数据的排序方式，如图4-41所示。

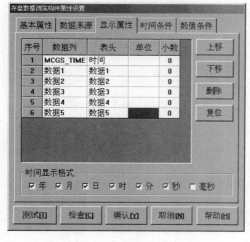

图4-40 显示属性

图4-41 时间条件

1）排序列名：选择将要显示和打印的存盘数据的排序列名及排序方式（升序或降序）。

2）时间列名：如果选择的数据库含有时间列名（如 MCGS 存盘数据库），按所选的时间列名和指定的时间范围提取数据显示。若要实现排序功能或按时间查询数据记录，则必须设置时间列名。

3）天的分割时间点：在工程上，有时使用 0:00 作为一天的分界点并不一定合适，因此为了方便用户，我们可以设置固定时间段中跨越一天的分割时间点。如设置为"0"时，则每天从 00:00:00 到 23:59:59；设置为"6:00"时，则每天从 06:00:00 到第二天 05:59:59。

4）选择时间范围：选择"所有存盘数据"或指定的时间范围或按所连接的 MCGS 变量提供的时间范围。

（5）数值条件 数值条件是指对某字段满足某条件的记录集合。为了得到满足用户条件的用于显示和打印的数据段，可以通过设置"数值条件"选项卡的属性指定从数据库或数据对象中选取数据的数值条件，如图 4-42 所示。

1）数据列名：来源于数据表中字段的列表，用于选择需要构成数值条件的字段。

2）运算符号：设置数据表字段的操作比较方式，包括">"" > =""="""<"" < =""< >""Between"。

3）比较对象：构成字段比较的表达式，可以是常数，也可以是包括 MCGS 数据对象和数学函数的表达式，如"油站1_温度 + 油站2_温度 + 10"。

4）单击"增加"按钮，把设定的条件选择到列表框中。数值条件可以由多个逻辑运算语句构成，各个逻辑运算语句之间通过逻辑运算符号（And、Or）以及括号连接在一起，构成数值条件。单击"检查"按钮可以检查数值条件设置的正确性。

5）单击"删除"按钮，删除列表框中选定的一项。单击"↑""↓"按钮，移动列表框中选定的项的位置。单击"And""Or""〔""〕"按钮，可在各逻辑语句之间增加连接关系。

6）构成数值条件的完整表达式显示在选项卡底部的一行上。

在 MCGS 组态软件开发平台上，单击"用户窗口"，双击"数据提取"窗口，进入"动画组态"。从"工具箱"中选择 1 次"标签"，2 次"标准按钮"，按效果图拖放到桌面放置。标签属性设置如图 4-43 所示。

图 4-42 数值条件

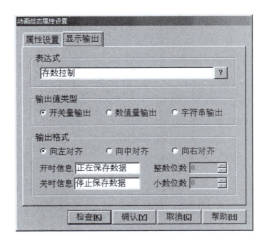

图 4-43 标签属性设置

"存数控制"按钮与"原始数据"按钮的操作属性设置如图4-44所示。

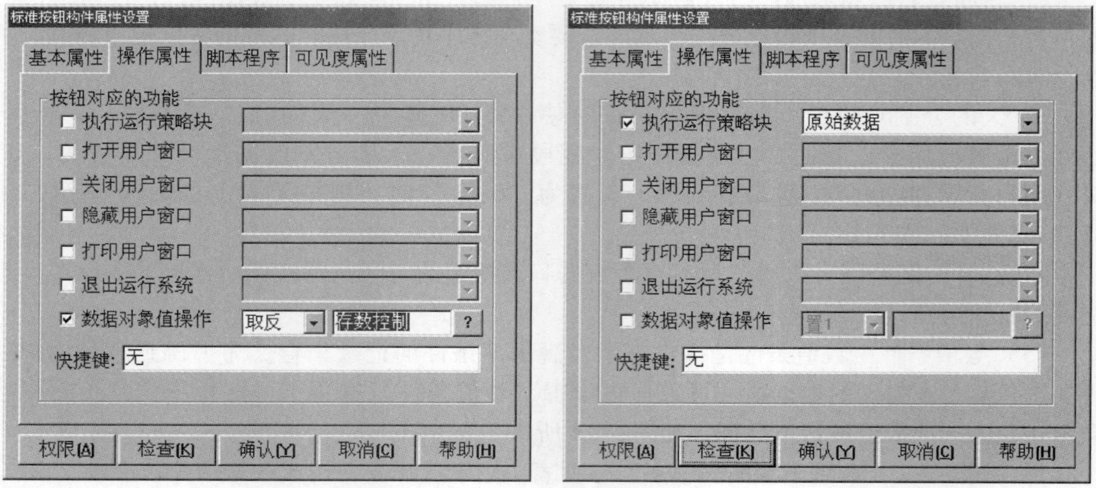

图4-44 按钮操作属性设置

3. 按时间间隔提取数据

我们可以按小时、天、月进行数据提取，做成相应的天报表、月报表及年报表，也可以按分钟进行数据提取，根据需要做相应的报表。无论是按分钟还是按小时、天、月进行数据提取，组态的方法都是类似的。下面以按分钟提取为例，进行详细讲解。

（1）存盘数据提取 所谓数据提取，就是把历史数据库数据按照一定的时间条件和统计方式取出来，存到另外一个数据表中。

在"运行策略"中新建一个用户策略，策略名称为"数据按分钟提取"。

双击"数据按分钟提取"策略进入策略组态，单击工具条中的"新增策略行"，从"工具箱"中选中"存盘数据提取"拖放到策略行 ▭ 上，单击鼠标左键放好。双击 ▮ ，弹出"存盘数据提取构件属性设置"对话框，进行设置。

1）数据来源。在"数据来源"选项卡中可以指定数据源，即数据从何处来。此构件可以指定从MCGS组对象对应的存盘数据表中提取，也可以从标准的Access数据库文件的指定表中提取，如图4-45所示。

2）数据选择。"数据选择"选项卡用于指定需要处理的数据列成员，如图4-46所示，在左边的列表框中列出了所有可以处理的数据列，在右边的列表框中列出了所有已经指定需要处理的数据列，单击"添加"按钮可以把左边的数据列加到右边，单击"删除"按钮可以把右边已经指定的数据列删除，单击"全加"按钮可以把左边的数据列全部加到右边，单击"全删"按钮可以把右边的数据列全部删除。

注意：在"数据选择"选项卡中，选择可处理的数据列到要处理的数据列时，必须选择时间列，否则，用户将无法看到数据项。

3）数据输出。"数据输出"选项卡用于指定数据输出表和数据库，即存盘数据提取到何处。此构件可以把指定数据源的存盘数据提取到三种不同形式的数据库（数据表）中：

图 4-45　数据来源　　　　　　　　　　　　　　图 4-46　数据选择

① 提取到 MCGS 的存盘数据库中指定的数据表中。数据表名可以在组态时设定，也可以连接 MCGS 实时数据库的字符变量，在运行环境中任意修改，如图 4-47 所示。

② 提取到用户指定的独立的 Access 数据库和指定的数据表中。数据库名和表名可以在组态时设定，也可以连接 MCGS 实时数据库的字符变量，在运行环境中任意修改。

③ 提取到用户指定的 ODBC 数据库和指定的数据表中。组态时，必须指定好数据库类型、数据库名、数据表名、服务器名、用户名称和用户密码，其中，数据库名、数据表名、服务器名、用户名称都可以连接变量，在运行环境中任意修改。例如，将数据提取到用户指定的 SQL SERVER2000 数据库中，输入连接的 SQL SERVER 数据库名及 SQL SERVER 所在机器名、用户名称和密码，用户可以任意输入一个数据表名，SQL SERVER 系统会自动生成该数据表，如图 4-48 所示。

图 4-47　数据输出到存盘数据表

图 4-48　数据输出到 ODBC

单击"测试"按钮，系统弹出提示对话框，如图4-49所示。

4）时间条件。时间条件用于设置提取的时间范围（只对有时间类型的字段有效），如图4-50所示，时间列名用于选择查询的时间字段；月/天的分割时间点用于设置每天的起点，即每天的几点几分算作这一天的开始，此构件提供四种选择时间范围的方式：

图4-49　数据提取完成提示框

① 提取所有存盘数据，即把满足数值范围条件的所有数据按指定的提取方式提取到目标表中。

② 提取最近一段时间的数据，即把满足数值范围条件和指定时间段的存盘数据按指定的提取方式提取到目标表中。

③ 提取固定时间段的数据，即把满足数值范围条件和指定时间段的存盘数据按指定的提取方式提取到目标表中，固定时间包括当天、本月、本星期、前一天、前一月、前星期，使用固定时间段配合相应的提取方式可以很方便地完成标准的日报表、月报表和年报表。

④ 提取可变时间段的数据，即把满足数值范围条件和指定时间段的存盘数据按指定的提取方式提取到目标表中，在开始时间和结束时间中连接字符变量，操作员可以在运行环境中任意设定需要提取的时间范围。

图4-50　时间条件

5）数值条件。数值条件用于设置提取数值查询条件，即把满足时间范围和数据范围的所有数据按照指定的提取方式提取到目标数据库中。如图4-51所示，数据列名用于选择需要比较的字段；运算符号用于指定比较方式，包括>、>=、=、<、<=、<>几种比较方式；比较对象用于设置比较值。And、or按钮用于设置表达式之间的连接方式。删除按钮用于删除选定的表达式。

6）提取方式。提取方式用于设置存盘数据提取的方式，包括设定与组对象成员相对应的目标表的字段名、存盘数据提取方法、提取到MCGS实时数据库对应的变量名

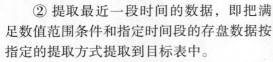

图4-51　数值条件

以及按数据的时间合格率方式提取时的合格标准的上限值和合格标准的下限值。

来源数据表列中列出了在"数据选择"选项卡中选定的所有组对象成员名。

输出数据表列用于设置组对象成员对应到提取目标表中的字段名，默认为组对象的成员名，按来源数据表列中相应的表行（或单击"拷贝"按钮）可以把组对象成员名加到输出

数据表列中，单击"上移""下移"按钮可以改变相应字段在目标表中位置，单击"删除"按钮可以删除选定表行。

提取方法用于设置存盘数据提取的方法，存盘数据提取提供九种对数据处理的方法，见表4-1。

表 4-1　数据处理方法一览表

序号	数据处理方法	功能注释
1	求和	把指定时间段的所有记录求和并作为一个记录保存到目标数据表中
2	求最大值	把指定时间段的所有记录求最大值并作为一个记录保存到目标数据表中
3	求最小值	把指定时间段的所有记录求最小值并作为一个记录保存到目标数据表中
4	求平均值	把指定时间段的所有记录求平均值并作为一个记录保存到目标数据表中
5	求累积值	把指定时间段的所有记录求累积量并作为一个记录保存到目标数据表中，累积量的算法如下，"求累积值"是对累计存盘数据进行处理，如流量计的存盘数据，其值在数据库的记录中是递增的数据，当流量计记录到其最大值后会回零，此时进行报表处理时就应进行"求累积值"处理，以求某一时间段内的流量值。例如：流量存盘数据序列为1，10，35，60，90，99，10，40，其对应的流量累计计算为：$(10-1)+(35-10)+(60-35)+(90-60)+(99-90)+(10-0)+(40-10)=99+40=129$。当数据序列出现小的波动（50%为界）时，不按数据回零处理，如1，10，35，30，60，其对应的流量累计计算为：$(1-0)+(10-1)+(35-10)+(60-35)$，将"30"丢掉
6	求样本方差	把指定时间段的所有记录求样本方差并作为一个记录保存到目标数据表中，样本方差的算法为：$S^2 = \left(\sum_{i=1}^{n} x_i^2 - n\bar{x}^2\right) \div (n-1)$ 式中，x_i为第i（$i=1\sim n$）个样本记录，$\bar{x}$为样本平均值
7	求样本标准差	把指定时间段的所有记录求样本标准差并作为一个记录保存到目标数据表中，样本标准差的算法为：$\sigma = \sqrt{S^2}$
8	求首记录	取指定时间段的第一条记录并作为一个记录保存到目标数据表中
9	求末记录	取指定时间段的最后一条记录并作为一个记录保存到目标数据表中

7）提取间隔。提取间隔用于设置提取的时间间隔，提取时把设定时间间隔内的所有数据按照指定的提取方法处理成一组数据，并把数据保存到目标数据表中，存盘数据提取时可以按分提取、按时提取、按天提取、按月提取、按年提取、按所有时间提取（把所有时间的数据统计成一个记录），也可以提取全部数据（把数据源中满足条件的所有数据拷贝到目标数据库中）或是按用户指定周期提取。

"提取后删除数据源记录"设置是否需要在执行存盘数据提取后把数据源中满足条件的记录删除。

在本例中我们设定提取间隔为"1分钟"，提取后不删除数据记录，如图4-52所示。

（2）存盘数据浏览　针对"数据按分钟提取"提取的结果，我们用"存盘数据浏览"构件进行浏览。具体操作如下：

在"运行策略"中新建一个用户策略，策略名为"按分钟提取历史数据"，进行相应的存盘数据浏览属性设置。

　　双击"按分钟提取历史数据"进入策略组态,单击工具条中的"新增策略行",从"工具箱"中选中"存盘数据浏览"拖放到策略行 ▢ 上,单击鼠标左键放好。双击 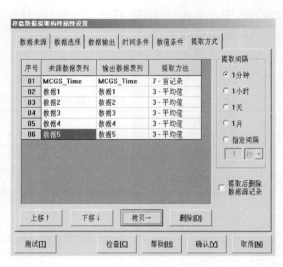,弹出"存盘数据浏览构件属性设置"对话框,按图 4-53 设置,"数值条件"不用设置。

　　注意: "存盘数据浏览构件属性设置"的"数据来源"中的"数据库名"为"D:\MCGS\Work\水位控制系统 D. MDB",是以 MCGS 安装在"D:\MCGS"目录下,"水位控制系统"存盘于"D:\MCGS\Work"为例的,否则应该找到相应的存盘数据库。

图 4-52　提取方式

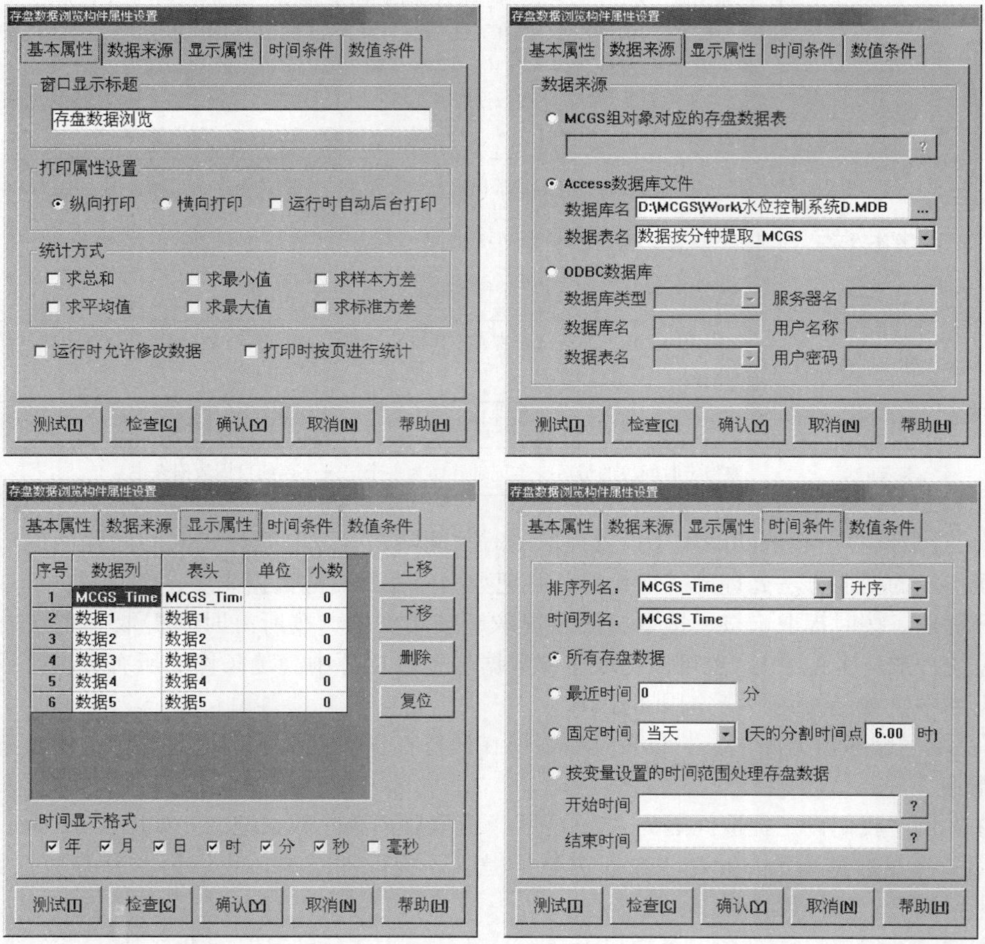

图 4-53　存盘数据浏览构件属性设置

从 MCGS 组态软件工作台上，单击"用户窗口"，双击"数据提取"窗口，进入"动画组态"。从"工具箱"中选取两次"标准按钮"和一次"标签"拖放到桌面。标签输入为"按时间间隔提取数据"；两个按钮名称分别为"数据按分钟提取""打开分钟数据"。"数据按分钟提取"按钮属性设置如图 4-54 所示。

图 4-54　"数据按分钟提取"按钮属性设置

"打开分钟数据"按钮属性设置如图 4-55 所示。

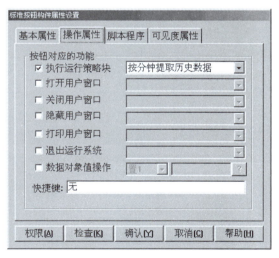

图 4-55　"打开分钟数据"按钮属性设置

4. 按提取方式提取数据

我们可以按和、最大值、最小值、平均值、累积值、样本方差、标准方差、首记录和末记录 9 种情况分别进行数据提取，并用"存盘数据浏览"查看相应的历史数据。无论是按上述的哪种方法进行数据提取，组态的方法都是相似的。下面以数据按和提取为例，进行详细讲解：

（1）存盘数据提取　在"运行策略"中新建一个用户策略，策略名称为"数据按和提取"。

双击"数据按和提取"进入策略组态，单击工具条中的"新增策略行"，从"工具箱"中选中"存盘数据提取"拖放到策略行 ⬜ 上，单击鼠标左键放好。双击 ⬛ ，弹出"存盘数据提取构件属性设置"对话框，按图4-56设置。

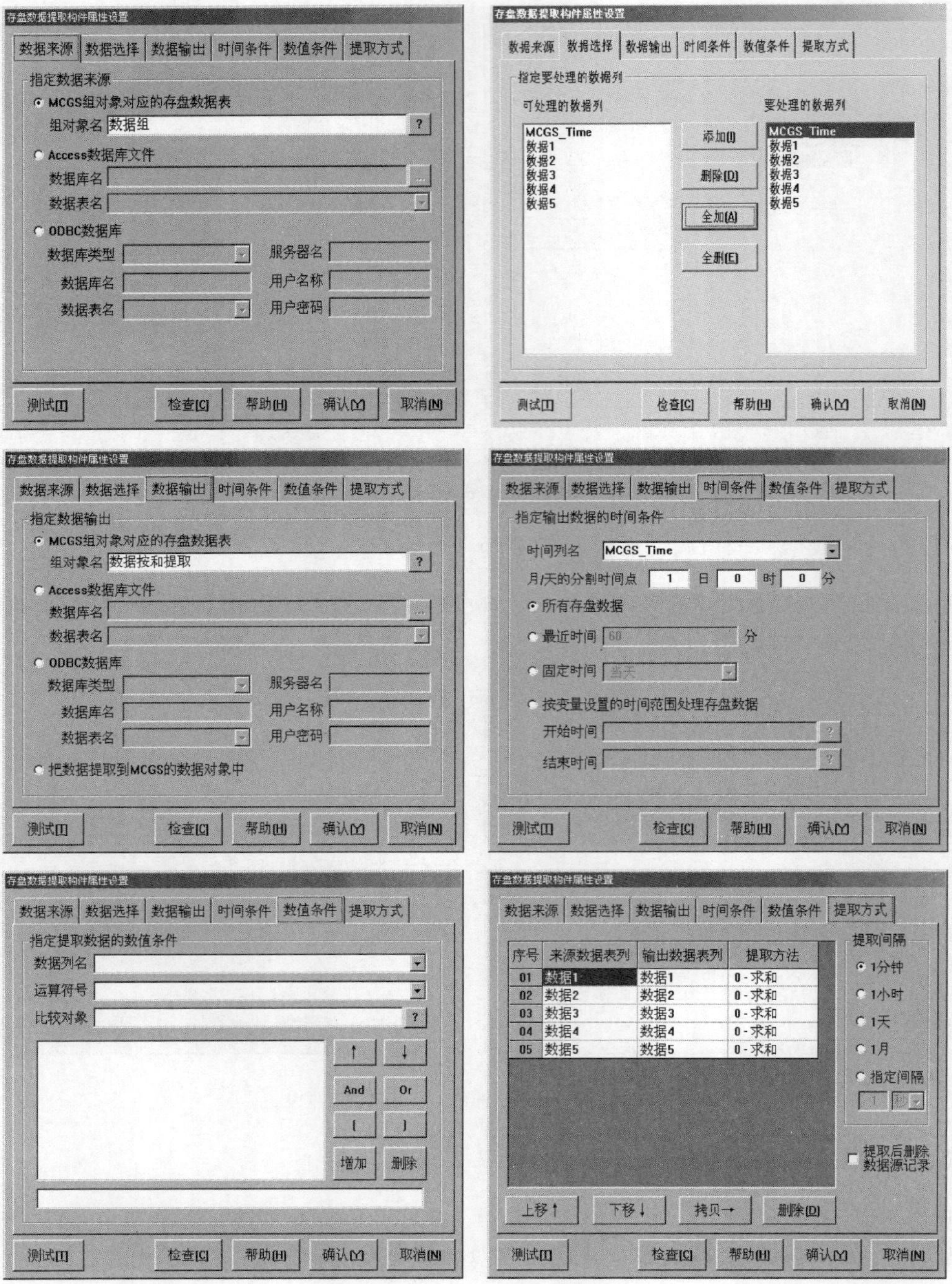

图4-56　存盘数据提取构件属性设置

（2）存盘数据浏览　针对"数据按和提取"我们用"存盘数据浏览"构件进行浏览。具体操作如下：

在"运行策略"中新建一个用户策略，策略名称为"按和提取历史数据"。

双击"按和提取历史数据"进入策略组态，单击工具条中的"新增策略行"，从"工具箱"中选中"存盘数据浏览"拖放到策略行 ▢ 上，单击鼠标左键放好。双击 ▮▮ ，弹出"存盘数据浏览构件属性设置"对话框，按图4-57设置，"数值条件"不用设置。

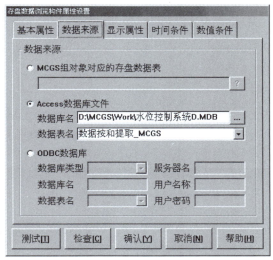

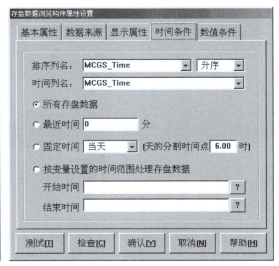

图4-57　存盘数据浏览构件属性设置

从MCGS组态软件工作台上，单击"用户窗口"，双击"数据提取"窗口，进入"动画组态"。从"工具箱"中选取两次"标准按钮"和一次"标签"拖放到桌面。标签输入为"按提取方式提取数据"；两个按钮名称分别为"数据按和提取""打开和数据"。"数据按和提取"按钮属性设置如图4-58所示。

"打开和数据"按钮属性设置如图4-59所示。

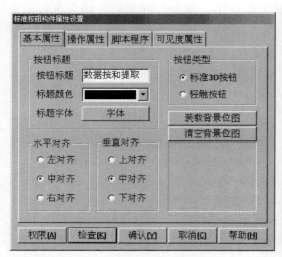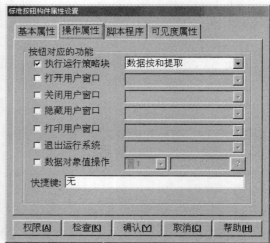

图 4-58 "数据按和提取"按钮属性设置

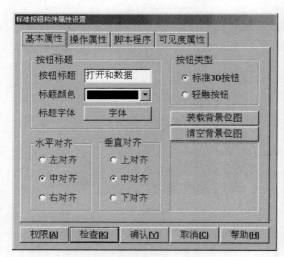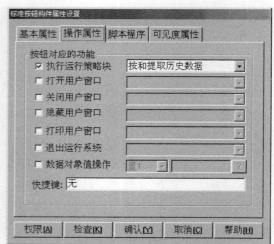

图 4-59 "打开和数据"按钮属性设置

5. 数据提取结果

(1) 建立数据提取演示菜单 在 MCGS 组态软件工作台上,单击"主控窗口"进入"菜单组态",在"工具条"中单击"新增菜单项",产生菜单"操作0",双击"操作0"菜单,弹出"菜单属性设置"对话框,设置如图 4-60 所示。

(2) 数据提取运行效果总图 按 <F5> 键进入运行环境,单击"数据提取演示"菜单,打开"数据提取演示"窗口,单击"存数控制"按钮,显示如图 4-61 所示。

(3) 数据提取结果浏览 单击"数据按分钟提取"按钮,再单击"打开分钟数据"按钮,显示如图 4-62 所示。

单击"数据按和提取"按钮,再单击"打开和数据"按钮,显示如图 4-63 所示。

图 4-60　菜单属性设置

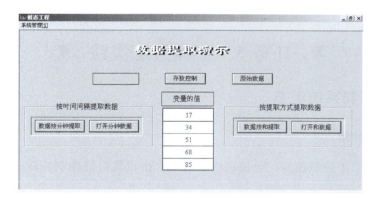

图 4-61　数据提取运行效果总图

序号	MCGS_Time	数据1	数据2	数据3	数据4	数据5
1	2001-09-24 11:20:00	64	127	191	254	318
2	2001-09-24 11:21:00	263	525	788	1050	1313
3	2001-09-24 11:22:00	414	827	1241	1654	2068
4	2001-09-24 11:23:00	61	122	183	244	305
5	2001-09-24 11:24:00	255	510	765	1020	1275
6	2001-09-24 11:25:00	525	1049	1574	2098	2623
7	2001-09-24 11:26:00	799	1598	2397	3196	3995
8	2001-09-24 11:27:00	1072	2143	3215	4286	5358
9	2001-09-24 11:28:00	1342	2683	4025	5366	6708
10	2001-09-24 11:29:00	1616	3232	4848	6464	8080
11	2001-09-24 11:30:00	1889	3777	5666	7554	9443
12	2001-09-24 11:31:00	2159	4318	6477	8636	10795
13	2001-09-24 11:32:00	2434	4868	7302	9736	12170
14	2001-09-24 11:33:00	2707	5413	8120	10826	13533
15	2001-09-24 11:34:00	2977	5953	8930	11906	14883
16	2001-09-24 11:35:00	3240	6479	9719	12958	16198
17	2001-09-24 11:36:00	3465	6929	10394	13858	17323
18	2001-09-24 11:37:00	3652	7303	10955	14606	18258
19	2001-09-24 14:11:00	7	14	21	28	35
20	2001-09-24 14:33:00	80	160	240	320	400
21	2001-09-24 23:34:00	13	25	38	50	63

数据记录个数　21

图 4-62　数据按分钟提取结果

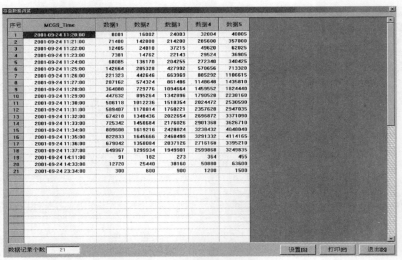

图 4-63 数据按和提取结果

任务5 工程组态实践

4.5.1 延时控制系统组态

1. 控制要求分析

1）现场设置启停控制按钮；上位机组态画面上也设置启停控制按钮，实现软启动和软停车。

2）当发出启动命令后，指示灯1点亮，15s后指示灯2也点亮；当发出停车命令后，两个指示灯均熄灭。

2. 硬件系统设计与调试

选用 GE VersaMax Micro 64 PLC，根据控制要求分析确定该延时控制系统的输入/输出设备，系统共有两个输入点、两个输出点，系统 I/O 地址分配见表4-2。表中"I/O 设备"填写"输入设备""输出设备"；"电气符号名称"填写控制电路中的电气符号名称，如 SB1、HL1等；"（触点、线圈）形式"填写"常开触点""常闭触点""指示灯"或"接触器线圈"等。

表 4-2 延时控制 I/O 地址分配表

I/O 设备	电气符号名称	（触点、线圈）形式	I/O 名称	I/O 地址	功 能 说 明
输入设备	SB1	常开触点	I1	% I00001	启动按钮
输入设备	SB2	常开触点	I2	% I00002	停止运行按钮
输出设备	HL1	指示灯	Q1	% Q00001	指示灯 1
输出设备	HL2	指示灯	Q2	% Q00002	指示灯 2

延时控制系统 PLC 的 I/O 接线如图 4-64 所示，并按图连好电路。

3. 软件系统设计与调试

用定时器（计数器）指令编写延时控制系统控制程序，参考程序如图 4-65 所示。其中 M00001 为软启动，M00002 为软停车。打开 PME 软件，系统配置正确后输入控制程序并下载到 PLC。操作启动按钮，指示灯 1 点亮，15s 后指示灯 2 也点亮，操作停止运行按钮，两个指示灯均熄灭，则 PLC 运行正常。PLC 程序调试结束后退出 PME 软件。

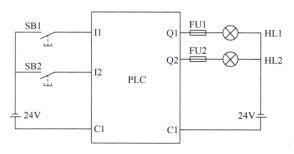

图 4-64　延时控制系统 PLC 的 I/O 接线

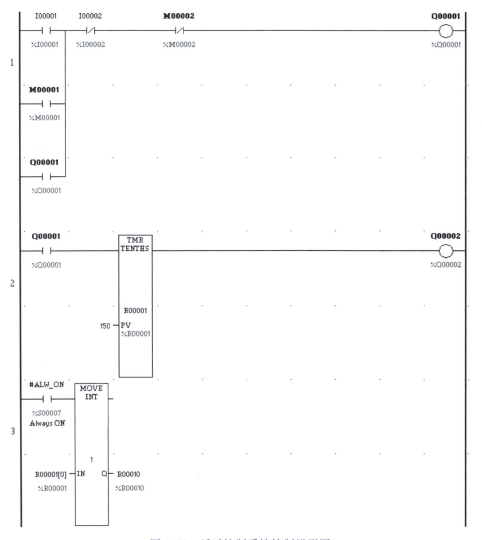

图 4-65　延时控制系统控制梯形图

4. 组态设计与调试

（1）设备连接

1）读取 PLC 通信协议。首先，在 PME 软件中，对于 GE VersaMax Micro 64 型 PLC，其串口通信协议如图 4-66 所示，读取通信协议并做好记录。

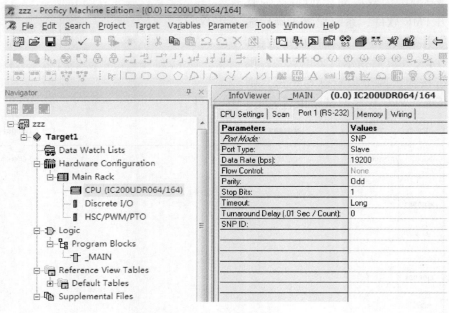

图 4-66 PLC 通信协议

2）串口通信父设备通信协议设置。依据 PLC 通信协议各项参数设置串口通信父设备的各项通信协议参数，如图 4-67 所示。

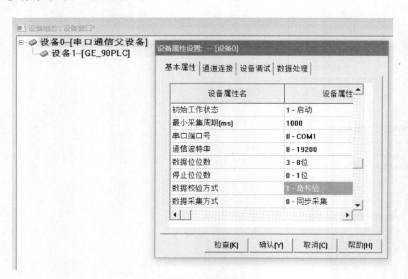

图 4-67 父设备属性设置

3）串口通信子设备调试。在 MCGS 串口通信子设备的"设备属性设置"中的"设备调试"选项卡中，通信状态标志由"1"变为"0"即表示通信正确，否则 MCGS 组态软件与 GE PLC 设备通信失败。

（2）画面组态　选择"文件"→"新建工程"菜单命令，默认的工程名为"新建工程 X.MCG"（X 表示新建工程的顺序号，如 0、1、2 等）。选择"文件"→"工程另存为"菜单命令，把新建工程存为"D:\MCGS\Work\延时控制系统"。

在 MCGS 组态平台上，单击"用户窗口"，在"用户窗口"中单击"新建窗口"按钮，则产生新"窗口 0"，将"窗口名称"改为"延时控制"。

打开绘图工具箱，绘制延时控制画面，如图 4-68 所示。图中用两个标签显示输出分别显示定时器的经过值和定时器经过值的十分之一。

扫描二维码观看延时控制系统运行效果。

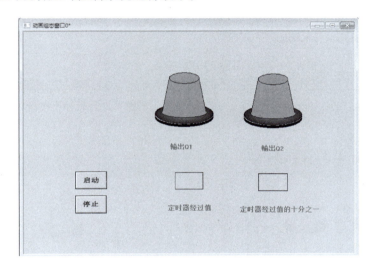

图 4-68　延时控制画面

（3）动画组态

1）定义数据变量。在 MCGS 中，延时控制系统需要的数据对象见表 4-3，并依次设置各数据对象的属性。

表 4-3　延时控制系统相关数据对象一览表

变量名称	类　　型	注　　释
qidong	开关型	延时控制系统启动按钮
tingzhi	开关型	延时控制系统停止运行按钮
M1	开关型	延时控制系统上位机启动
M2	开关型	延时控制系统上位机停止运行
q1	开关型	指示灯 1 工作状态指示
q2	开关型	指示灯 2 工作状态指示
t1	数值型	定时器经过值数值显示
t2	数值型	定时器经过值的十分之一数值显示，即延时时间显示（秒）

2）动画连接。在用户窗口中，双击"延时控制"窗口进入，分别选中各图符双击，属性设置如图4-69～图4-74所示。

图4-69 软启动按钮属性设置

图4-70 软停止按钮属性设置

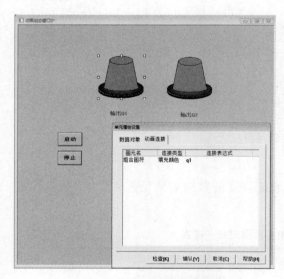

图4-71 指示灯1属性设置

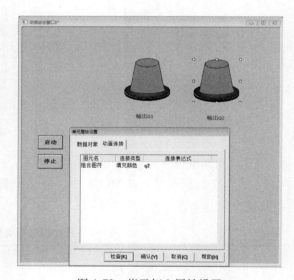

图4-72 指示灯2属性设置

（4）通道连接

1）建立必要的PLC通道。在MCGS设备窗口中，双击子设备，进行设备内部属性设置，如图4-75所示。依据表4-3增加PLC通道。

2）通道连接。建立MCGS与控制器PLC的通道连接，如图4-76所示。

3）设备调试。如图4-77所示，在"设备调试"选项卡中，通信状态标志为"0"，则通信正常，各通道显示实时数值。

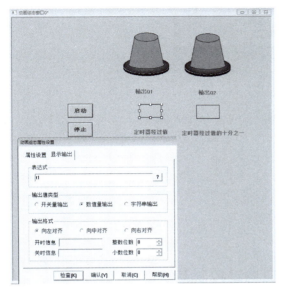

图 4-73　定时器经过值显示输出属性设置

图 4-74　定时器延时时间显示输出属性设置

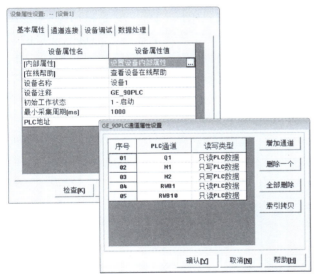

图 4-75　建立 PLC 通道

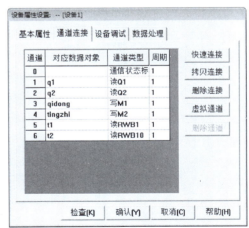

图 4-76　通道连接

4）数据处理。如图 4-78 所示，在通道连接中，通道 6 对应的数据对象为 t2，t2 连接的 PLC 通道为 RWB10，即 PLC 内部寄存器 R00010。由 PLC 梯形图可知，R00010 = R00001。因此，对通道 6 的数据处理为多项式：X/10，即对定时器经过值除以 10，也就是定时器的延时时间。

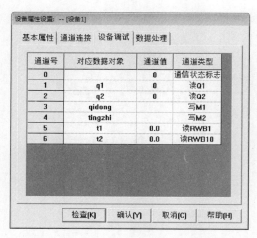

图 4-77　设备调试通信正常

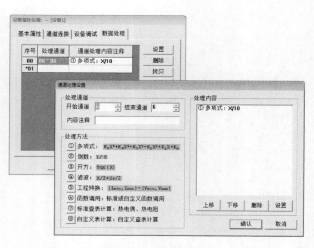

图 4-78　数据处理

4.5.2　三相异步电动机星形-三角形减压启动控制系统组态

1. 控制要求分析

星形-三角形减压启动用于定子绕组在正常运行时接为三角形的电动机，在电动机启动时，定子绕组首先接成星形，至启动即将完成时再换接成三角形。图4-79是星形-三角形减压启动的传统电气控制硬件电路，图4-79中主电路由三组接触器主触点分别将电动机的定子绕组接成三角形和星形，即 KM1、KM3 线圈得电，主触点闭合时，绕组接成星形；KM1、

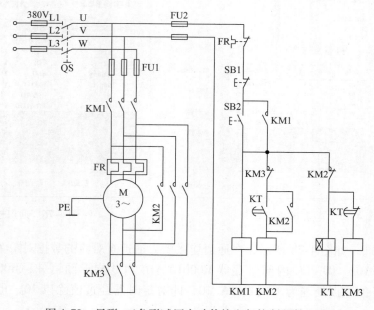

图 4-79　星形-三角形减压启动传统电气控制硬件电路

KM2 主触点闭合时，接成三角形。两种接线方式的切换需在极短的时间内完成，在控制电路中采用时间继电器按时间原则定时自动切换，定时功能由时间继电器 KT 完成。

如果采用 PLC 实现星形-三角形减压启动，那么在图 4-79 中，SB1、SB2 两个外部按钮和热继电器常闭触点 FR 是 PLC 的输入变量，需接在三个输入端子上；三个接触器 KM1、KM2、KM3 是 PLC 的输出端需控制的设备，要占用三个输出端子。故整个系统需要用六个 I/O 点：三个输入点，三个输出点。

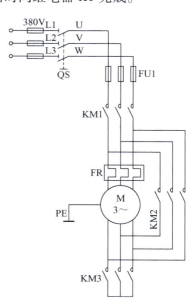

图 4-80 星形-三角形减压启动 PLC 控制硬件电路

2. 硬件系统设计与调试

（1）电路图 采用 PLC 实现星形-三角形减压启动，电气控制硬件电路部分应改为图 4-80 所示，主电路不变，控制电路则由 PLC 输出点 Q1、Q2、Q3 分别控制 KM1、KM2、KM3。

（2）I/O 分配与接线图 选用 GE VersaMax Micro 64 PLC，根据控制要求分析确定星形-三角形减压启动控制系统的输入/输出设备，系统共有三个输入点和三个输出点，系统 I/O 地址分配见表 4-4。表中"I/O 设备"填写"输入设备""输出设备"；"电气符号名称"填写控制电路中的电气符号名称，如 SB1、KM1 等；"（触点、线圈）形式"填写"常开触点""常闭触点"或"接触器线圈"等。

表 4-4 电动机星形-三角形减压启动 I/O 地址分配表

I/O 设备	电气符号名称	（触点、线圈）形式	I/O 名称	I/O 地址	功能说明
输入设备	SB1	常开触点	I1	%I00001	停止运行按钮
输入设备	SB2	常开触点	I2	%I00002	启动按钮
输入设备	FR	常开触点	I3	%I00003	热继电器保护触点
输出设备	KM1	接触器线圈	Q1	%Q00001	电源控制接触器
输出设备	KM2	接触器线圈	Q2	%Q00002	三角形控制接触器
输出设备	KM3	接触器线圈	Q3	%Q00003	星形控制接触器

绘制三相异步电动机星形-三角形减压启动控制 PLC 的 I/O 接线图，如图 4-81 所示。

3. 软件系统设计与调试

用定时器/计数器指令编写电动机星形-三角形减压启动控制程序。输入三相异步电动机星形-三角形减压启动控制程序并下载到 PLC。参考程序如图 4-82 所示。

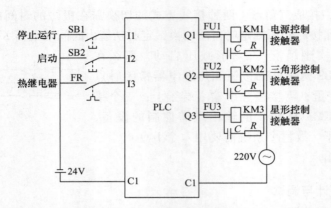

图 4-81 电动机星形-三角形减压启动控制 PLC 的 I/O 接线图

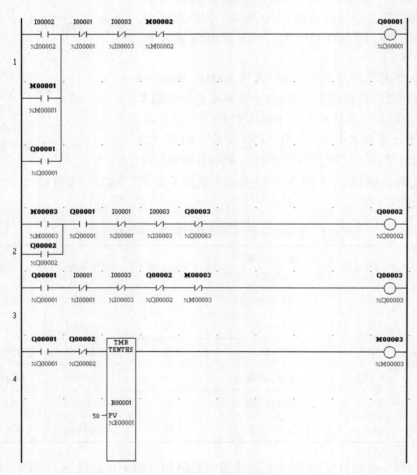

图 4-82 电动机星形-三角形减压启动控制梯形图

4. 组态设计与调试

（1）设备连接 电动机星形-三角形减压启动控制系统设备连接同延时控制系统。

（2）画面组态 选择"文件"→"新建工程"菜单命令，默认的工程名为"新建工程 X. MCG"（X 表示新建工程的顺序号，如 0、1、2 等）。选择"文件"→"工程另存为"菜单命令，把新建工程存为"D：\MCGS\Work\星形-三角形减压启动控制系统"。

在 MCGS 组态平台上，单击"用户窗口"，在"用户窗口"中单击"新建窗口"按钮，则产生新"窗口 0"，将"窗口名称"改为"星形-三角形减压启动控制"。

打开绘图工具箱，绘制星形-三角形减压启动控制画面，如图 4-83 所示，也可根据控制功能要求自行设计组态画面。

（3）动画组态

1）定义数据对象。星形-三角形减压启动控制系统需要的数据对象见表 4-5，并依次设置各数据对象的属性。

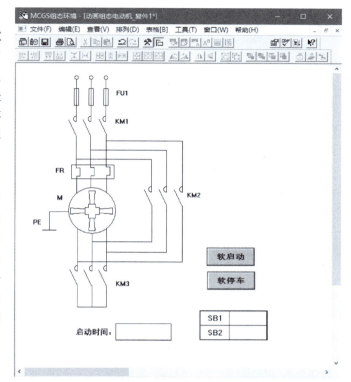

图 4-83　星形-三角形减压启动控制画面

表 4-5　星形-三角形减压启动控制系统相关数据对象一览表

变量名称	类型	注释
启动	开关型	按钮启动
停车	开关型	按钮停车
热继电器	开关型	热继电器保护触点
软启动	开关型	上位机启动
软停车	开关型	上位机停车
电源控制	开关型	电动机电源控制
星形启动	开关型	星形启动工作状态指示
三角形运行	开关型	三角形运行工作状态指示
启动时间	数值型	启动过程时间显示
启动时间数据处理	数值型	启动过程时间处理后数据显示

2）动画连接。在用户窗口中，双击星形-三角形减压启动控制窗口进入，选中各图符双击，分别进行属性设置。

（4）通道连接

1）建立必要的通道。在 MCGS 设备窗口中，双击子设备，进行设备内部属性设置，如

图 4-84 所示。依据表 4-5 增加 PLC 通道。

2）通道连接。建立 MCGS 与控制器 PLC 的通道连接，如图 4-85 所示。

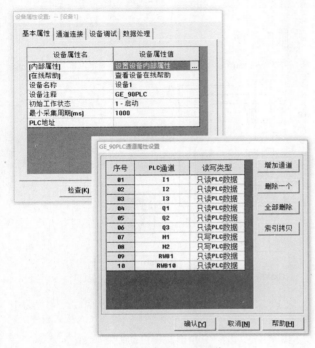

图 4-84　建立 PLC 通道　　　　　　　　　图 4-85　通道连接

3）数据处理。启动时间的数据处理同延时控制系统。

想一想，做一做

1. 在延时控制系统中，还可以用什么方法实现定时器经过值的十分之一数值的显示？

2. 在延时控制系统中，试在 MCGS 画面上用数字显示两个按钮和两个指示灯的运行状态。

3. 可编程控制器系统应用编程 "1 + X" 证书组态项目

（1）控制要求

1）按下启动按钮后，十字路口交通灯控制系统进入运行状态。

2）首先，东西红灯亮 15s（可实时设定），在东西红灯亮的同时南北绿灯也亮，并维持 12s（可实时设定）。

3）12s 后，南北黄灯闪烁，维持 3s（可实时设定）。3s 后，南北黄灯熄灭，南北红灯亮，同时东西红灯熄灭，东西绿灯亮。

4）然后，南北红灯亮维持 15s（可实时设定）。东西绿灯亮维持 12s（可实时设定），东西黄灯闪烁，维持 3s（可实时设定）后熄灭。这时东西红灯亮，南北绿灯亮。

5）所有需要闪烁的灯闪烁速率为 1s 循环，即 0.5s 亮 0.5s 灭，系统运行中不断循环 1）~ 4）四个步骤。

6）在运行状态下，按下强制按钮后，从当前状态灯开始闪烁，到红灯后闪烁停止；原红灯亮的保持；再次按下强制按钮后，全部信号灯熄灭。

7）在运行状态下，按下停止按钮后，所有灯开始向红灯亮流程运行，再次按下停止按钮后，全部信号灯熄灭。

8）在运行状态下，按下畅通运行按钮，所有灯向黄灯闪烁流程运行，并持续保持黄灯闪烁；再次按下畅通运行按钮后，全部信号灯熄灭。

9）强制按钮、停止按钮、畅通运行按钮三个按钮相互独立，互不影响（例如，按下强制按钮后，再按下停止按钮、畅通运行按钮无反应）。

（2）人机界面设计要求

1）触摸屏设有启动按钮、强制按钮、停止按钮、畅通运行按钮，且按钮开/关时有明显区别。

2）显示交通信号灯当前所处的工作状态，要做到只看触摸屏也能知道交通信号灯的实时状态。

3）倒计时显示东西南北所有灯亮时间，单位为s，精确到0.1s，且相关时间可设置。

4）设置一个加密界面，当密码正确时才可以跳转至操控界面，也只有进入该界面才可以按下强制按钮、停止按钮、畅通运行按钮以及设置时间。

5）十字路口交通灯主界面如图4-86所示，时间设置页面如图4-87所示，图示仅供参考，可根据实际情况，合理优化人机界面。

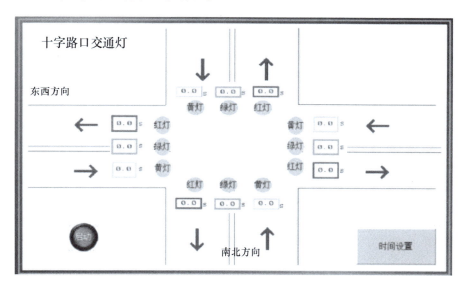

图4-86 十字路口交通灯主界面

图4-87 十字路口交通灯时间设置界面

视野拓展 "1+X" 证书

1. "1+X" 证书制度

2019年2月，国务院印发《国家职业教育改革实施方案》，明确提出从2019年开始，在职业院校、应用型本科高校启动"学历证书 + 若干职业技能等级证书"制度试点工作，即"1+X"证书制度试点工作。其中，"1"为学历证书，"X"为若干职业技能等级证书。学历证书全面反映学校教育的人才培养质量，职业技能等级证书是毕业生、社会成员职业技能水平的凭证，反映职业活动和个人职业生涯发展所需要的综合能力。"1"是基础，"X"是"1"的补充、强化和拓展，书证相互衔接融通正是"1+X"证书制度的精髓所在。

2019年4月，教育部、国家发展改革委、财政部、市场监管总局联合印发了《关于在院校实施"学历证书 + 若干职业技能等级证书"制度试点方案》，要求各试点院校要进一步发挥好学历证书作用，夯实学生可持续发展基础，鼓励学生在获得学历证书的同时，积极取得多类职业技能等级证书，拓展就业创业本领，缓解结构性就业矛盾。

"1+X"证书制度体现了职业教育作为一种类型教育的重要特征，是落实立德树人根本任务、完善职业教育和培训体系、深化产教融合校企合作的一项重要制度设计。实施"1+X"证书制度试点具有以下三个方面的意义：一是提高人才培养质量的重要举措，更好地服务建设现代化经济体系和实现更高质量更充分就业需要，是新时代赋予职业教育的新使命；二是深化人才培养培训模式和评价模式改革的重要途径，从而有效调动社会力量参与职业教育的积极性；三是探索构建国家资历框架的基础性工程。职业技能等级证书是职业技能水平的凭证，也是对学习成果的认定，可有效畅通技术技能人才成长通道。

2. 组态技术课程相关证书

组态技术课程主要讲授组态监控软件的功能和组态方法，很多与自动化控制、智能控制相关的证书考核内容都不同程度地涉及组态监控功能，都离不开组态软件的操作与使用。组态技术课程支撑的证书主要包括：可编程控制器系统应用编程、可编程控制系统集成及应用、智能运动控制系统集成与应用、智能线集成与应用、生产线数字仿真应用、工业机器人操作与运维、工业机器人应用编程等多种证书。

第2篇
iFIX组态软件及应用

项目5

认知iFIX组态软件

项目目标

1. 知识目标

（1）掌握 iFIX 组态软件的系统构成、功能和特点。

（2）掌握 iFIX 组态软件面向对象的工作方式。

（3）掌握 iFIX 组态软件常用术语。

（4）掌握 iFIX 组态软件的系统配置和工作台操作方法。

（5）掌握 iFIX 组态软件组建一个工程的一般过程。

2. 能力目标

（1）能熟练使用 iFIX 组态软件常用术语。

（2）具备 iFIX 组态软件的系统配置能力和工作台操作使用能力。

（3）能根据组态工程要求说出 iFIX 组态软件组建一个新工程的一般过程。

3. 素质目标

（1）将 MCGS 组态软件的学习及应用迁移到 iFIX 组态软件的学习及应用，培养学生知识迁移能力和类比创新思维能力。

（2）培养学生沟通协调、团结协作、解决问题及总结、表达能力。

（3）弘扬工匠精神和创新精神，激励学生走技能成才、技能报国之路。

（4）养成终身自主学习组态新软件、组态新技术的习惯，不断提升自己获取新知识和新技能信息的能力。

（5）养成勇于创新、认真严谨、敬业乐业的工作作风。

➤▲ 任务1　了解 iFIX 组态软件 ▲◄

5.1.1　什么是 iFIX 组态软件

Proficy iFIX 是一款 HMI/SCADA 应用软件，负责采集车间数据，并通过所连接的网络，将数据分配给人员和应用。通过 iFIX 了解车间内的状况，使操作人员能够对当前情况进行评估、提高绩效、保障安全、防止工业过程中出现代价高昂或异常危险的故障。

HMI/SCADA 应用软件一般具备两种过程控制功能：

1. HMI（人机接口）功能

HMI 为用户提供图形接口，显示当前的工作和安全情况，还接收来自用户的控制指令

☆ 做一名优秀的组态工程师：爱岗敬业、诚实守信、办事公道、服务群众和奉献社会

和反馈信息。HMI 基于客户端，它通过 SCADA 接收和发送所有信息。

2. SCADA（监视控制和数据采集）功能

SCADA 组件是自动或手动的控制过程设备或装置，它负责采集或获取过程控制数据，SCADA 基于服务器，它还可以"管理"网络上其他用户的信息，如情况判断和生成报警、将采样数据提供给本地或工厂历史数据库、生成报表和其他应用交互车间数据等。

iFIX 是一种基于工业标准的应用软件。使用标准通信协议实现联网和内部应用的连接，并使用各种数据库访问方法将数据传入或传出应用，这确保了 iFIX 可与不同的供应商的各种产品相集成。

本应用软件还采用先进的标准和技术，最大限度地提高了灵活性、交互性和可扩展性。这有助于工程开发和维护人员花费更少的工作量，快速设计、创建和部署应用，并使其在高性能状态下持续运行。

5.1.2 iFIX 组态软件的系统构成

iFIX 组态软件的系统构成包括 I/O 驱动器、过程数据库（Process Database，PDB）和图形显示。

1. I/O 驱动器

I/O 驱动器以轮询记录的格式收集数据，用 PLC 寄存器中的地址存储轮询记录。轮询记录可以是单个数据，也可以是一段数据。I/O 驱动示意图如图 5-1 所示。

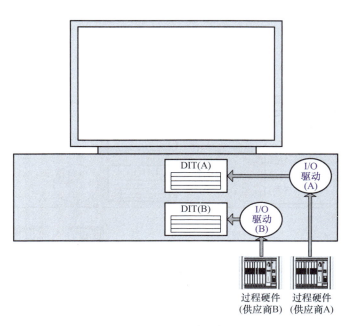

图 5-1　I/O 驱动示意图

（1）过程数据　传感器和控制器将数据送入 PLC 中的寄存器，iFIX 软件从 PLC 寄存器中获取源数据。

（2）I/O驱动器　I/O驱动器是iFIX与过程硬件之间的接口，I/O驱动器支持特定的硬件设备，即每一个I/O驱动器支持指定的硬件。I/O驱动器功能为：I/O驱动器以Poll记录格式采集数据（以周期形式读取），并将数据传/输出至驱动映像表（Driver Image Table，DIT）中的地址中。

DIT有时也称为轮询表（Poll表）。I/O驱动器以Poll记录格式收集数据，用PLC寄存器中的地址轮询（Poll）记录，轮询记录可以是单个数据，也可以是一段数据，而且轮询记录的数据一般具有相同的类型。

I/O控制器用来监视和控制I/O驱动器。

（3）常用驱动　只要设备支持Modbus协议就可用MB1和MBE驱动，常用驱动有：

1）西门子：S17、OPC、S7A。

2）GE：GE9（以太网）、G90（串口）。

3）三菱：MIT、MIE（以太网）、MEL。

4）IGS驱动：支持绝大多数主流设备，需要购买授权，一套SCADA要配一套授权。

2. 过程数据库

PDB（Process Database）为过程数据库，过程数据库由数据库块组成。数据库块又称为标签，是一个完成某个过程功能的指令单元。过程数据库示意图如图5-2所示。

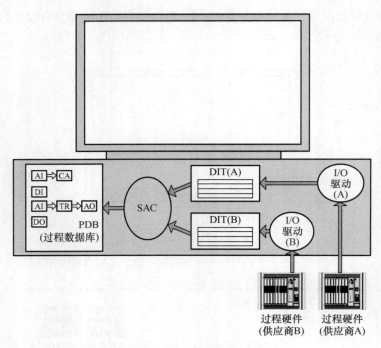

图5-2　过程数据库示意图

标签功能有将过程值与报警限值进行比较，基于特殊的过程数据进行计算，将数据写入过程硬件。

一系列标签可以连接在一起，形成链（Chain），链可以完成监视或控制回路。

SAC（Scan Alarm and Control）为扫描、报警、控制功能，主要从 DIT 中读取数据，将数据传送至 PDB，数据超过报警设定值，则报警。SAC 从 DIT 中读取数据的速率称为扫描时间。

3. 图形显示

一旦数据进入过程数据库，就可利用图形方式进行显示。图形显示示意图如图 5-3 所示。

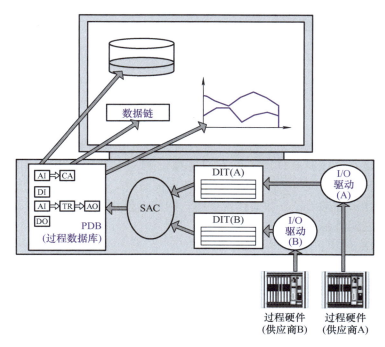

图 5-3 图形显示示意图

（1）I/O 驱动器读取过程硬件 I/O 驱动器从过程硬件的寄存器中读取数据，该数据传入 DIT。驱动器读取数据的速率称为 Poll 时间。

（2）SAC 扫描 DIT SAC 从 DIT 中读取数据，该数据传入 PDB。SAC 读数的速率称为扫描时间。

（3）Workspace 向 PDB 发出请求 图形显示中的对象显示 PDB 的数据，其他应用可向 PDB 请求数据。

（4）数据也可写入硬件 反顺序执行上述过程，可以完成该功能。数据从图形显示送入 PDB，再传到 DIT。I/O 驱动器从 DIT 中取数，再写入 PLC。

（5）数据库标志信息 句法：SERVER. NODE. TAG. FIELD

其中，SERVER：iFIX 一般是 FIX32；NODE：节点名，一般为 FIX；TAG：标签名；FIED 域：有数字数据类型 F_ *（float）、文本数据类型 A_ *（ASCII）、图形数据类型 T_ *。

例如：FIX32. FIX. DO1. F_ CV

5.1.3 iFIX 组态软件的功能

iFIX 的两个基本功能是数据采集和数据管理，如图 5-4 所示。

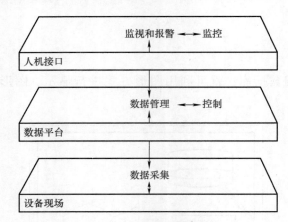

图 5-4 iFIX 基本功能

数据采集是从现场获取数据并将它们加工成可利用形式的基本功能。iFIX 也可向现场写数据，这样就建立了控制软件所需的双向连接。iFIX 不需要用特别多的硬件获得数据。它可以通过 I/O 驱动器接口与已存在的 I/O 设备直接通信。在大多数情况中，iFIX 可以使用现场已装配的 I/O 硬件来工作。即使在现场同一网络上使用不同厂家生产的 I/O 设备，I/O 驱动器都可以与它们一起正常工作。

具体来说 iFIX 有以下功能：

（1）监视功能　在上位机上，可以很方便地监视从现场采集的实时工厂数据，同时，iFIX 丰富的数字、文字和图形格式也使实时数据的显示更加直观。

（2）监控功能　监控功能是指 iFIX 既能够监视实时数据，也可以由计算机直接改变设定点和关键值，从而直接控制现场设备。iFIX 还可以很方便地控制如何访问这个数据并可以改变数据点的操作权限。

（3）报警功能　当控制系统产生报警时，iFIX 具备应答报警功能，并且能够立即将报警报告给值班人员。报警具有优先级别，还可以组态多种形式的报警报告。

（4）控制功能　iFIX 能够自动提供算法调整过程值并使这些数值保持在设定的限度之内。控制比监控更高一级，不需要人的直接参与。iFIX 包括连续控制、批次控制和统计处理控制，可以用计算机控制整个系统或部分生产过程。

（5）报表功能　实时数据只是信息处理中的一级，许多现场需要将实时数据做成报表并保存这些报表，供以后数据分析时使用。使用第三方支持 ODBC 查询的报表应用程序可以生成基于实时系统和工程信息的报表。

（6）历史趋势　历史趋势是面向对象的图表构件，它把从生产过程中采集的数据进行存储和显示。即从 SCADA 服务器（或者 SCADA 节点）采集到历史数据文件中后，可查询、显示历史数据。

（7）安全控制　开发 iFIX 安全策略的主要设计目标是创建组账户和用户账户，为不同的用户分配安全区域、操作权限等。

5.1.4 iFIX 组态软件的工作方式

1. iFIX 如何与设备进行通信

iFIX 是一个基于 Windows 的平台，支持各种标准技术，方便在网络上和其他应用间传输数据。其中包括 TCP/IP 网络协议、OPC 功能、iClient、ODBC、OLEDB 和 ADO 等数据库访问技术。

2. iFIX 如何产生动画效果

在 iFIX 中与动画设计密切相关的一个概念就是"数据源"。"数据块"可以作为动画的一个数据源，在 user. fxg 中定义的变量或者同一画面中某个对象的属性值等，都可以作为动画的数据源。然后将动画的"对象属性"与"数据源"关联起来，实现"对象属性"随"数据源"的变化而做相应变化，达到动态效果。

3. iFIX 如何实施远程多机监控

iFIX 提供了一套完善的网络机制，可以通过 TCP/IP 网络、Modbus 网络和串口网络将多台计算机连接到一起，构成分布式网络监控系统，实现网络间的实时数据同步、历史数据同步和网络事件的快速传递。

1. 什么是 iFIX 组态软件？
2. iFIX 组态软件的结构包括什么？
3. 什么是 HMI？
4. 什么是 DIT？
5. 什么是 PDB？
6. 什么是 SAC？

➤➤ 任务 2 学习 iFIX 组态软件 ◀◀

5.2.1 iFIX 组态软件常用术语

1）报警：通过报警扫描和数据块接收过程数据，将数据与预定义的报警限值相比较，并对超过限值的过程数据产生报警响应。

2）表达式：以一个或者多个运算符连接起常量、数据源或常量和数据源的集合。使用表达式编辑器，可以创建特定的表达式，从指定的数据源中访问数据。

3）标签：标签即数据库中的数据标识，能够接收、校验、操作和输出过程值。标签也可以将过程值与报警限值进行比较，并基于具体的过程值进行计算。

4）调度：根据时间或者事件的触发，执行相应的指令或程序。

5）对象：每一个可用来编程的属性、方法和事件的单元称作一个对象，如一个数据、一个进程都可称为对象。

6）方法：影响对象特性的VBA子程序。

7）工程：一组应用程序文件的集合，如画面、数据库、标签组等，这些文件存放在由工程名称标识的特定目录中。在系统配置应用程序（SCU）的"路径配置"对话框中定义项目名称和路径。

8）过程数据库：保存所有来自过程硬件的数据文件。对于多数iFIX应用程序来说，过程数据库是主要数据源。

9）画面：工作台与操作人员互动的画面。可以通过标题栏的外观来区分活动的画面，活动画面的标题栏与非活动画面的标题栏的颜色或阴影不同。没有标题栏的活动画面上的画面边框加亮显示。

10）节点：任何运行iFIX软件的计算机。

11）配方：一组规则，用于将一个或多个过程值改变为特定的数据库块。

12）事件：对象能够认知的动作，例如鼠标单击对象以改变尺寸大小。如果一个脚本对应于一个事件，当事件被触发或发生时，脚本就被执行。事件的发生是对用户动作、程序代码或者其他事件的响应。

13）数据源：对信息源的引用，如iFIX标签名和历史文件，或其他兼容OPC的数据服务器都可以作为数据源。此外，数据源也可以包括iFIX对象（如图形、图表和变量）或第三方OLE控件。

14）属性：对象的特征叫作属性。

15）图符集：定制的或预先创建的图符集合。iFIX包含一系列可用的图符集库，用户也可以创建自己的图符集。

16）系统配置应用程序：系统配置应用程序（SCU）用于创建包含关于程序和选项的特定信息的文件，包括文件的位置、与哪个节点建立网络连接、向哪里发送报警和操作员消息、载入哪个I/O驱动程序、使用哪种SCADA选项、载入哪个数据库以及执行哪些程序。

17）SCADA服务器：SCADA（Supervisory Control And Data Acquisition）意为监视控制和数据采集，一个从过程硬件获取数据的节点称为一个SCADA服务器。

18）盲SCADA服务器：具有数据采集和网络管理功能，而无图形显示的节点称为一个盲SCADA（Blind SCADA）服务器，也就是iFIX – Server版。

19）HMI：即Human/Machine Interface，人机接口。

5.2.2 iFIX组态软件的系统配置和工作台

1. ProficyiFIX系统配置

iFIX的大多数组件均可在线配置，也就是说可在系统运行和工作的同时进行开发。大多数情况下，修改将立即生效（除iFIX节点的基本配置的情况外）。这些基本设置直接影响了iFIX的启动方式、在网络内的自我标识方式、工厂内的数据和分布的系统进行交互的方式。这些基本设置是在系统配置工具（SCU）的单个界面内进行配置。可双击桌面上的"iFIX5.5"图标，在弹出的"Proficy iFIX启动"界面单击SCU图标进入系统配置应用，如图5-5和图5-6所示。

SCU的主画面可用于访问启用的iFIX节点组件以及节点的基本详情，例如节点名称是SCADA还是客户端或者大型网络的一部分。主画面内还有一些交换式元素，可用于在不借助菜单或工具栏按钮的情况下，快速对配置进行设置。这些元素在图5-6中高亮显示（最下方一栏从左到右依次为路径配置、报警配置、网络配置、SCADA配置、任务配置、安全配置、SQL配置和报警区域配置）。

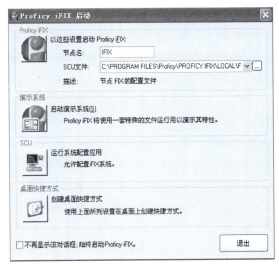

图5-5 iFIX启动

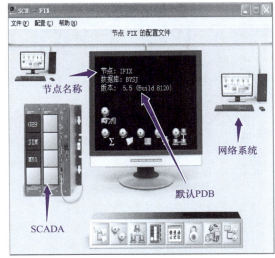

图5-6 SCU配置

本地启动配置的实质是使用唯一名称或逻辑名称（昵称）来标识节点。在系统启动时自动启动，本地启动配置还控制iFIX是作为一个服务来运行，还是自动运行。双击节点名称或使用配置菜单可以打开本地启动配置对话框。

路径配置允许用户指定项目文件存放的位置。每个单独SCU文件中列出的文件夹位置控制了iFIX到哪里去寻找图形显示、PDB文件和历史存档。这样，许多不同的项目可在同一节点上开发，但保存在不同的位置。

网络配置简单明了，包括启用网络、选择网络协议和定义的有效服务器节点（仅SCADA节点）。IT人员将基于Windows的网络所需的一切准备工作完成后，配置可快速进行。

任务配置允许用户列出根据职能的不同iFIX节点需要运行的特定应用程序（通常为I/O驱动程序、SAC或Workspace等iFIX应用以及重要的第三方应用），同时可以设置与iFIX一起启动的应用程序以及这些应用程序的特殊参数等。

2. SCADA配置

SCADA服务器通过I/O驱动器从过程硬件获取数据，也可以通过过程数据库管理过程数据。iClient（客户端）是操作员与过程的接口，一般只有图形显示和报表等功能，它不能直接与过程对象进行交互，只能通过 SCADA 服务器获得被控对象的数据。SCADA 配置包括定义过程数据库和 I/O 驱动器。iFIX 在启动时最多可以装载 8 种 I/O 驱动器，部分驱动器使用接口卡与过程硬件通信，在这种情况下，则需配置相应的接口卡。定义的数据库则用来存放从 I/O 驱动器获得的数据。

3. iFIX 工作台

在 iFIX 启动画面中单击"Proficy iFIX"进入 iFIX 工作台，如图 5-7 所示。工作台是 iFIX 的主要可视化工具。它提供开发 SCADA 系统操作员界面所需的工具和应用，同时还为开发完整 SCADA/HMI 项目所用的所有 iFIX 应用提供集中管理界面。

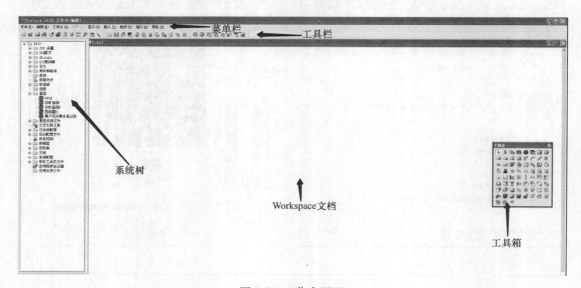

图 5-7　工作台画面

工作台具有两种模式，可方便、高效地开发、操作和维护。Configure（编辑）模式允许在系统其余部分继续运行的情况下，创建或编辑 iFIX 内容。Run（运行）模式允许运行时执行 iFIX 文档和脚本。可在工作过程中随时切换这两种模式，在开发过程中提供快速反馈和测试或在维护过程中提供快速开发访问。

操作员画面、历史趋势图、报警一览、VBA 脚本、导航和报表界面等功能均集成在工作台中。

1）系统树只在编辑模式下可用。系统树除了是一个非常有用的显示画面管理工具外，还是整个 iFIX 项目的项目浏览器。主要的 iFIX 应用均从系统树启动。

系统树的每个分支可展开，显示包含的元素，如配置文件、应用或其他重要文档。根据文档类型，也可使用深入展开功能浏览文档内的单个元素。许多项目都具有右键菜单，可通过该菜单访问基本配置选项或操作。

2）菜单栏与系统树不同，主要着重于显示画面、图符和图形等工作台的文档和对象。为了帮助开发人员开发，一些菜单项会根据选择内容发生变化。

3）工具栏作为系统树和菜单选项的快速替代途径，为开发提供帮助。可添加、移除和编辑工具栏。

4）工具箱是一套工具的组合，处于永久非停靠的状态，只在处理画面时可见。

5）Workspace 文档支持各种文档类型。iFIX 自有的文档包括 iFIX 画面（．GRF）、调度（．EVS）和图符集（．FDS）。iFIX 画面和调度在编辑和运行模式下均可使用，但图符集只可在编辑模式下使用，用于向画面添加图形组件。这些文档全部支持（但无需）VBA 脚本。

5.2.3 组建新工程的一般过程

（1）工程项目系统分析 分析工程项目的系统构成、技术要求和工艺流程，弄清系统的控制流程和监控对象的特征，明确监控要求和动画显示方式，分析工程中的设备采集及输出通道与软件中实时数据库变量的对应关系，分清哪些变量是要求与设备连接的，哪些变量是软件内部用来传递数据及动画显示的。

（2）工程立项搭建框架 iFIX 建立新工程的主要内容包括：基础系统配置，新建项目文件夹、网络和应用任务；创建 I/O 通信；建立过程数据库；报警检测和生成以及创建画面与模板等。

（3）设立菜单基本体系 为了对系统运行的状态以及工作流程进行有效调度与控制，通常在主控窗口内编制菜单。编制菜单分为两部分，首先搭建菜单框架，再对各级菜单命令进行功能组态。

（4）制作动画、显示动画 分为静态图形设计和动态属性设置两个过程。前一部分类似于"画面"，用户通过 iFIX 软件中提供的基本图形元素及图符集，组成各种复杂的画面。后一部分则设置图形的动画属性，与实时数据库中定义的变量建立相关性的连接关系，作为动画图形的驱动源。

（5）编写控制流程程序 在 VBA 脚本编辑器中，使用 VBA 语言编写工程的控制程序，也可通过新建时间或事件调度，实现控制。

（6）完善菜单按钮功能 包括对菜单命令、控制器件、操作按钮的功能组态；显示历史数据、实时数据、各种曲线、数据报表输出等。

（7）编写程序调试工程 利用调试程序产生的模拟数据，检查动画显示和控制流程是否正确。

（8）连接设备驱动程序 选定与设备相匹配的设备构件，连接设备通道，确定数据变量的数据处理方式，完成设备属性设置。

（9）工程完工综合测试 最后测试工程各部分的工作情况，完成整个工程的组态工作，实施工程交接。

想一想，做一做

1. 什么叫节点和 SCADA？
2. 什么叫配方？
3. 什么是 SCU？
4. 什么叫 iFIX 工作台？

视野拓展 追星 "大国工匠" 践行 "工匠精神"

工匠是指有手艺专长的人。在我国悠久历史的长河里,鲁班、蔡伦、李春、黄道婆等著名的工匠以杰出的智慧、精湛的技艺和非凡的创造为后世留下了丰富的物质遗产和宝贵的精神财富。工匠精神是指工匠对自己的产品精雕细琢、精益求精的精神理念,工匠精神的基本内涵就是敬业、精益、专注、创新。

"大国工匠" 首先是工匠,来自具备工匠精神的群体。综合来看,工匠具备高超技艺和精湛技能,对产品品质持之以恒地精雕细琢、精益求精、追求完美与极致,以严谨、负责、专注、细致、敬业等作为终生的职业操守和价值追求。同时,"大国工匠" 又不是一般意义上的工匠,他们是工匠群体中的特殊成员,这种特殊体现在 "大" 字上:大国梦、大时代;大情怀、大担当;大创新、大创造。

因此,从技术层面看,"大国工匠" 可谓千千万万工匠中的专家、院士,工匠中的技能先锋、创新群体,是从 "中国制造" 发展到 "中国创造" "中国智造" 的技术引领者,是大国崛起、民族复兴伟大使命的重要担当者;从精神层面看,"大国工匠" 可谓千千万万工匠中的劳模、英雄,是工匠精神的重要传承者、弘扬者,是社会主义核心价值观的集中体现者。

彭菲、李辉、张国云、高凤林、周东红、孟剑锋、顾秋亮、陈志财等都是大国工匠年度人物。彭菲,汉王科技股份有限公司高级工程师,创造全新算法,矢志攀登人工智能新高峰。李辉,云南电网有限责任公司特级技师,奔跑在创新一线的 "电网卫士",三十年守护万家灯火。张国云,特变电工股份有限公司特级技师,一生择一事,打造特高压输变电核心装备。他们在平凡的岗位上干出了不平凡的成绩,他们个个身怀绝技,用心智和双手缔造了一个又一个神话般的 "中国制造",他们是对 "高精尖" 领域 "国宝级" 技工们践行工匠精神的解读。

大国工匠李向前,1995 年从原郑州铁路机械学校(现郑州铁路职业技术学院)毕业,中国共产党的十九大代表、全国技术能手、全国铁路技术能手,被授予全国铁路火车头奖章,"铁路工匠",并荣获全国 "最美奋斗者" 的殊荣。他始终秉持 "把简单的事情做好,做到极致" 的理念,他说只有把 "学习工作化、工作学习化" 的理念扎根在心底,做一名新时期的 "学习型职工",才能用知识书写出更加灿烂的美好的明天。

"网上蝴蝶" 张艳华,2009 年毕业于郑州铁路职业技术学院并进入昆明铁路局,成为昆明铁路局供电段的一名接触网工。一分钟剪断铁线 40 次,制作一副吊弦 2min,爬电杆上下一次 30s……她用自己的成绩刷新了接触网专业的一个个数字和记录。因工作性质特殊,工作业绩突出,她也成了昆明铁路局赫赫有名的 "网上蝴蝶"。2013 年,中央电视台《新闻联播》节目在身手不凡的劳动者版块中以接触网上 "蝴蝶飞" 为题报道了张艳华的先进事迹。2015 年 3 月入选中国文明网 "中国好人榜"。

要成为一名工匠,一名大国工匠,不是一时头脑发热,需要在工作岗位上,从细处着眼,从实处下手,潜心钻研,精益求精,更需要久久为功。工业强国,匠心筑梦,每一位莘莘学子肩负重任,做工匠,炼匠心,铸匠魂,争当一流工匠。

项目6

水位控制系统组态

项目目标

1. 知识目标

（1）掌握 iFIX 组态软件组建一个新工程的方法和步骤。

（2）掌握 iFIX 组态软件的功能和使用方法。

（3）掌握 SIM 驱动器的功能及使用方法。

（4）通过水位控制系统组态，掌握静态画面、基本动画、报警、报表、曲线和画面切换的组态方法、步骤。

2. 能力目标

（1）能运用 iFIX 组态软件组建一个新工程。

（2）能灵活使用 SIM 驱动器进行模拟调试。

（3）具备 iFIX 组态软件的基本操作使用能力。

（4）具备增加新图符的能力。

（5）具备较强的工程组态能力。

3. 素质目标

（1）强化学生用"思维导图"创新思维工具总结 iFIX 组态软件知识体系。

（2）培养学生类比创新思维能力。

（3）培养学生沟通协调、团结协作、解决问题及总结、表达能力。

（4）强化工控现场规范操作和电气安全意识。

（5）弘扬工匠精神和创新精神，激励学生走技能成才、技能报国之路。

（6）养成终身自主学习组态新软件、组态新技术的习惯，不断提升自己获取新知识和新技能信息的能力。

任务1　建立一个新工程

6.1.1　建立工程

1. 工程项目简介

通过一个水位控制系统的组态过程，学习如何应用 iFIX 组态软件完成一个工程。通过本项目学习，可应用 iFIX 组态软件建立一个比较简单的水位控制系统。本项目涉及动画制作、控制流程的编写、SIM 驱动器的连接、报警输出、报表曲线显示与打印等多项组态操作。

水位控制系统需要采集2个模拟数据：液位1（最大值100m）、液位2（最大值70m）；3个开关数据：水泵、调节阀、出水阀。

2. 项目工程组态内容

水位控制系统工程组态好后，流程画面最终效果如图6-1所示，表格与曲线如图6-2所示。工程项目运行效果可扫描二维码观看。具体组态内容描述如下：

iFIX水位控制系统运行效果

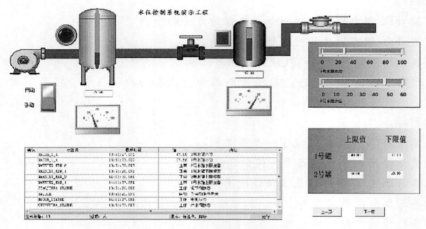

图6-1　流程画面最终效果

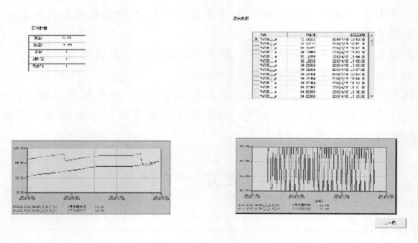

图6-2　表格与曲线

（1）水位控制系统画面构成　水位控制系统工程运行以后，首先显示的是水位控制流程画面。水位控制窗口由水泵、2个水罐、调节阀、出水阀和管道组成，配置了水位高低的指示仪表、控制器件和控制面板。同时，设有手动/自动控制切换旋钮。

（2）水位控制系统运行流程　水从最左端的水泵抽出，经管道流入1号水罐，1号水罐设有调节阀，当水位达到一定高度时，调节阀打开，水经管道流入 2 号水罐，2 号水罐设有出水阀，当水位达到一定高度时，出水阀打开，水经管道流出。

（3）水位控制系统监控功能　水罐的水位由数字式显示仪表和旋转指针式仪表指示，当水罐的水位达到限定高度时，画面显示实时报警信息。水泵启停、调节阀/出水阀的开闭和水罐的水位高低既可以手动控制，也可以自动控制。

（4）水位控制系统窗口切换　通过系统菜单和功能按钮进行窗口切换，可显示流程画面、曲线、历史数据和报警一览等。

3. 工程项目剖析

对于一个工程设计人员来说，要想快速准确地完成一个工程项目，首先要了解工程的系统构成和工艺流程，明确主要的技术要求，搞清工程所涉及的相关硬件和软件。在此基础上，拟定组建工程的总体规划和设想，比如：控制流程如何实现，需要什么样的动画效果，应具备哪些功能，需要何种工程报表，需不需要曲线显示等。只有这样，才能在组态过程中有的放矢，尽量避免无谓的劳动，达到快速完成工程项目的目的。

（1）工程的框架结构　水位控制系统工程项目一共建立三个画面、四个主菜单，分别作为首页、水位控制、报警显示、曲线显示、数据显示，构成了水位控制系统工程的基本框架。

（2）动画图形的制作　水位控制窗口是一个模拟系统真实工作流程并实施监控操作的动画窗口。包括：

1）水位控制系统：水泵、水箱和阀门由"图符集"插入。

2）水位指示仪表：采用数字式显示仪表和旋转指针式仪表，指示水罐的液位。

3）水位控制仪表：采用滑动式输入器，由鼠标操作滑动指针，改变水位高低。

4）报警动画显示：由"OLE 对象"插入，用报警一览实现。

（3）各种功能的实现　通过 iFIX 提供的控件实现下述功能：

1）历史曲线：选用标准图表控件实现。

2）历史数据：选用 VX 控件实现。

3）报警显示：选用报警一览控件实现。

（4）输入、输出设备

1）水泵的启停：开关量输出。

2）调节阀的开启关闭：开关量输出。

3）出水阀的开启关闭：开关量输出。

4）水罐 1、2 液位指示：模拟量输入。

6.1.2　设计画面流程

1. 建立新画面

进入 iFIX 工作台，右击"系统树"中的"画面"文件夹选择"新建画面"项，可进入"创建画面向导"进行画面创建设置，如图 6-3 所示。

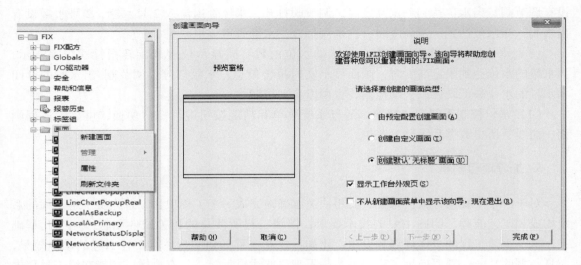

图 6-3　新建画面

新建画面主要有图6-3所示三种方法，通常在全屏模式下创建。因此一般创建默认"无标题"画面。

2. 新画面颜色修改

画面的颜色搭配直接影响到了人机交互画面的美观，下面介绍画面背景颜色的设置。

画面颜色主要有两种类型：实心和渐变。实心即一种单一的颜色。渐变可以将两种颜色混合，每种颜色所占比例可以调节。需要进行颜色设置时，在所要修改的颜色的画面中单击右键，在下拉菜单中单击"画面"选项，如图6-4所示。

图 6-4　iFIX 画面颜色设置

3. 输入文本

（1）输入文本　单击"工具箱"内的"文本"项 ▲▲，鼠标光标变成"I"字形，在画面任意位置单击鼠标，输入文本"水位控制系统演示工程"，在窗口任意位置用鼠标单击一下，文本输入过程结束。如果用户想改变文本，双击文本，光标出现在双击位置，即可进行修改。

（2）文本字体设置　选中输入的文本，单击"工具箱"中的"字体"项 ▲▲，在弹出的对话框中对文本的字体进行修改，如图6-5所示。也可以选中文本单击鼠标右键，在属性窗口对文本的内容、字体以及颜色等进行修改，如图6-6所示。

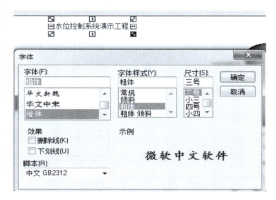

图6-5　通过字体进行修改

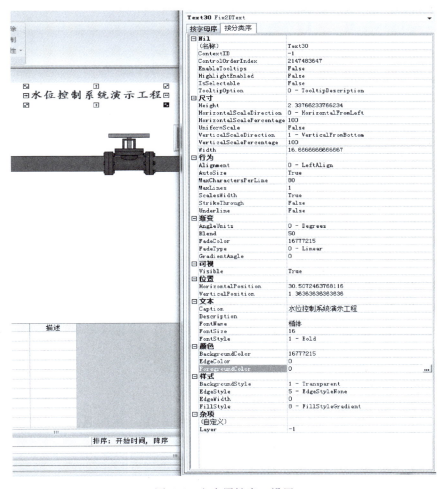

图6-6　文本属性窗口设置

4. 创建图形工具箱

图形是画面中的重要组成部分，创建图形主要通过两种途径：一是通过系统树中的图符集创建；二是通过工具箱中的图标进行图形创建。

在"系统树"的"图符集"中的"罐动画2"文件夹中选取两个罐，拖放至合适位置并可以改变其大小。再在"图符集"中分别从"泵"和"阀"选取一个泵、两个阀，将其拖放至合适位置并可以改变其大小，如图6-7所示。

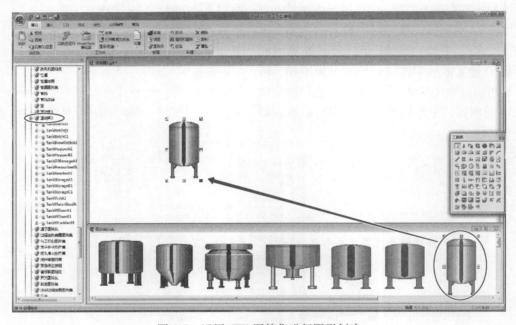

图6-7　运用iFIX图符集进行图形创建

5. 整体画面

最后生成的画面如图6-8所示。

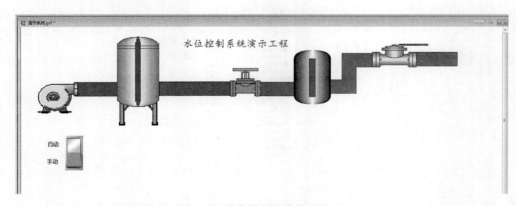

图6-8　水位控制系统演示工程

单击菜单栏中的"保存"按钮，即可对完成的画面进行保存。至此基本掌握 iFIX 组态软件制作工程画面。

▶▶ 任务 2　让画面动起来 ◀◀

在任务 1 中我们已经绘制好了静态的动画图形，本任务我们将利用 iFIX 软件中提供的各种动画属性，让图形动起来。

6.2.1　过程数据库和标签

1. 过程数据库

过程数据库是 iFIX 专有数据库，有助于将驱动程序数据转换为更加有用的信息。PDB 内的基本信息单位是标签（或块），通常与单个数据值或过程元素关联，但标签通常具有多种不同方式与该值进行交互。在 iFIX 内，使用唯一的名称标识每个标签。可使用称为字段的参数来描述每个标签或提供指令。

2. 标签

数据库的标签有模拟量和数字量的输入、输出、报警以及寄存器标签，还有布尔、计算、延迟、扇出及程序等标签，这里着重介绍模拟量和数字量输入/输出标签。

（1）数字量输入标签（DI）　数字量输入标签（DI）用来把数字量数据读取到数据库。每一个标签必须有一个标签名，标签名在数据库中必须是唯一的，最多可达 30 个字符。在标签名中必须有一个非数字字符，它的开头可以是数字。标签描述最多可达 40 个字符，可在报警、图表及图形对象中显示所要描述的内容。图 6-9 中"下一块"指数据链中下一标签的标签名，"前一块"指数据链中前一个标签的标签名。在数字量输入标签中，该字段一般为空。"I/O 地址"指定该标签的数据存储位置。"硬件选项"用于设置一些 I/O 驱动器的额外信息，该字段一般为空。

图 6-9 中"扫描时间"定义了 SAC 扫描并处理数据库中标签的时间间隔。扫描时间设置分三种类型：基于时间、基于例外和一次性处理。基于时间的扫描需要定义处理标签的时间间隔；基于例外的扫描只有当 I/O 数据变化大于轮询记录的死区时才进行处理；一次性处理表示 SAC 程序对标签只处理一次，在一个字段中输入一个 0。"标注"最多有 16 个字符，如果在数据连接中使用了 F_CV 字段，表示使用当前值。如果在数据连接中使用了 A_CV 字段，显示标注文本。

单击"报警"选项卡，如图 6-10 所示，"启用报警处理"表示生成报警消息并可通过连接（Link）显示报警条件，允许其他标签检测该标签的报警。"启用事件消息处理"表示 DI 标签每次加入报警状态，都会生成一个消息，对于特定的标签，事件消息和报警一样，同时发送到同一报警目标中，但不能显示在报警栏中，消息发送的目标在 SAC 中设置。

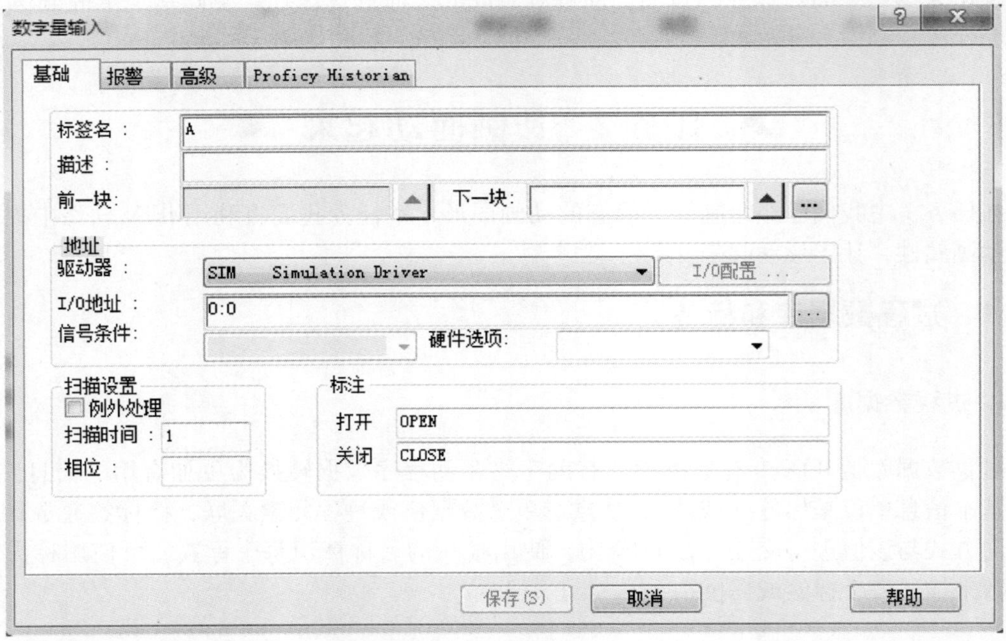

图6-9 数字量输入标签

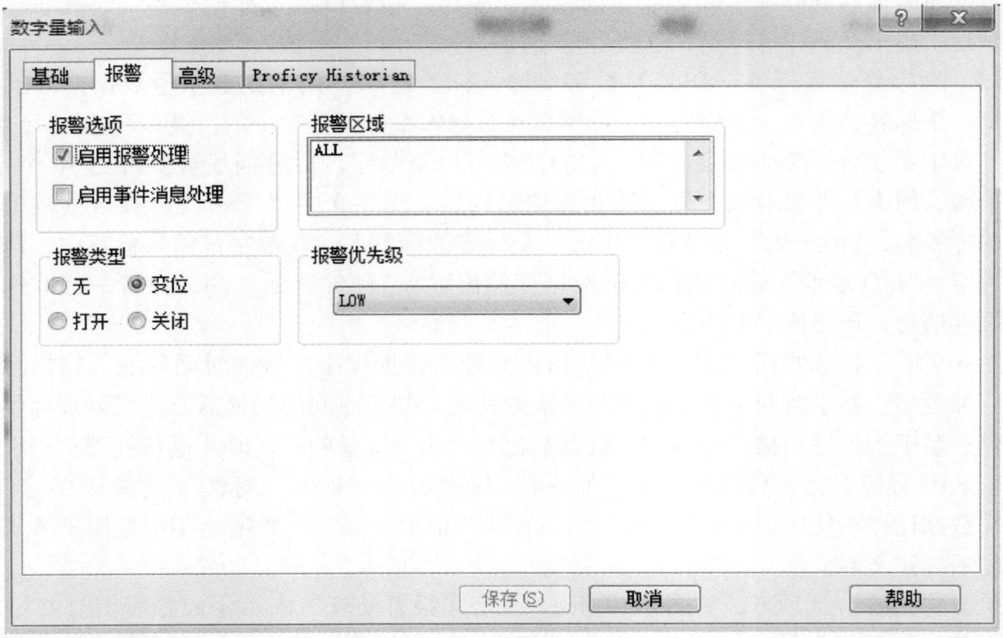

图6-10 数字量输入标签（"报警"选项卡设置）

　　报警类型的值为0时表示"打开"报警，值为1时"关闭"报警。状态关闭时，每次都生成一个"COS"报警，COS报警只保持一个扫描周期，且只能分配给基于时间的标签，标签值改变时产生报警，在其他情况下则产生事件消息，如通信失败，将产生一个时间消息。报警级别与系统报警屏蔽码匹配，为报警目标过滤报警区域，具体配置如图 6-11 所示。

　　单击"高级"选项卡，如图 6-11 所示。"报警扩展域"是由用户自定义的域，可作为额外的描述域。报警域 1 通常定义为一画面名，用于显示数据块信息。

图 6-11　数字量输入标签（"高级"选项卡设置）

　　"安全区"可定义三个，为标签提供写保护，要改变写保护标签的值，用户必须具有访问该标签每一个安全区的权限，修改该数据块的值，操作员必须具有该数据块的安全权限。允许输出选项，允许标签值输出到相应的 I/O 地址中。

　　（2）数字量输出标签（DO）　数字量输出标签（DO）用来把数据库中的数字量数据写到 DIT 的 I/O 地址中，任何过程数据有两个状态（Open/Close，On/Off），每次 SAC 程序扫描标签时发送过程值，如果为独立标签，则每次数值改变时发送过程值。数字量输出标签的"基本"选项卡设置如图 6-12 所示，"高级"选项卡设置如图 6-13 所示。

　　（3）模拟量输入标签（AI）　模拟量输入标签（AI）用于把过程数据读到数据库中。"工程单位"包括"低限""高限"和"单位"。"低限"定义该标签将显示的最低值；"高限"定义该标签将显示的最高值。EGU 限值可以用科学计数法，用该格式来显示极大或极小的数值，只能精确到 7 位数值。单位是由用户定义的字段，用来定义工程单位，最多有 32 个字。"基本"选项卡设置如图 6-14 所示。

　　单击模拟量输入标签的"报警"选项卡，报警类型包括："低低""低""高""高高""变化率"和"死区"，如图 6-15 所示。"低"和"低低"报警表示当前值必须小于设定值，才产生报警。"高"和"高高"报警表示当前值必须大于设定值，才产生报警。"变化率"是在 EGU 范围内，两次扫描时间的最大变化量。"死区"是防止数值在 +/- 范围内时，产生更多的报警，死区值对标签中所有报警有效，具体配置如图 6-15 所示。

　　单击模拟量输入标签的"高级"选项卡，如图 6-16 所示。"使用平滑处理"选项提供

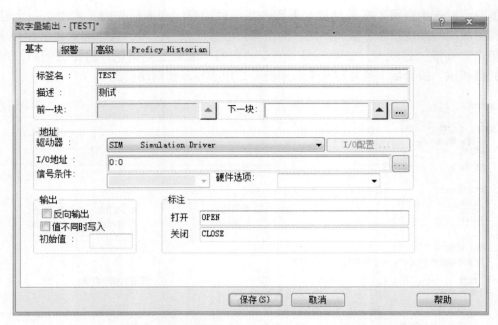

图 6-12 数字量输出标签（"基本"选项卡设置）

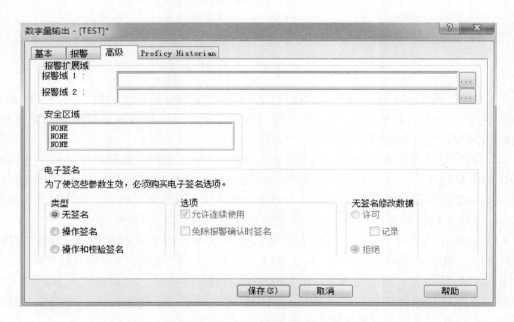

图 6-13 数字量输出标签（"高级"选项卡设置）

一个数据过滤器，减小输入信号的噪声，使变化的信号变得平滑，允许输出该标签值写回到 DIT，可用来设定点的报警。

（4）模拟量输出标签（AO） 模拟量输出标签（AO）指将数据库中的设定值送到过程硬件。初始值在 iFIX 启动或数据库重新载入时送到 I/O 设备中，该数值必须在操作员高低限值和 EGU 限值内。操作员高低限值允许输入到标签中的最低值和最高值。"反向输出"

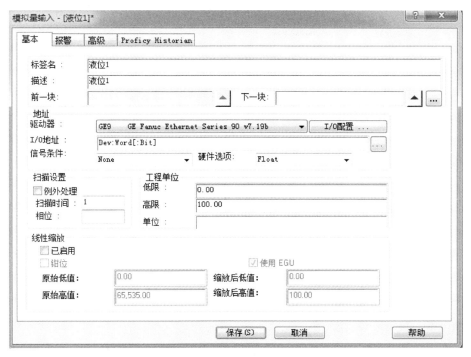

图 6-14　模拟量输入标签（"基本"选项卡设置）

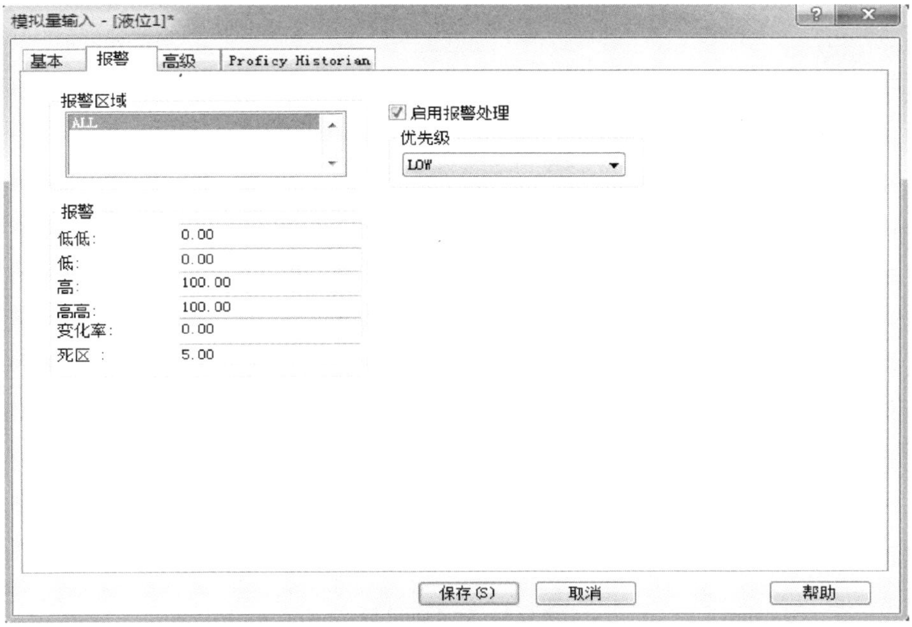

图 6-15　模拟量输入标签（"报警"选项卡设置）

在过程控制需要时可选用，指在数值输出之前，当前值取反。模拟量输入/输出标签设置类似，在此只以"基本"选项卡设置为例，如图 6-17 所示。

图6-16　模拟量输入标签（"高级"选项卡设置）

图6-17　模拟量输出标签（"基本"选项卡设置）

本演示工程所需标签见表6-1。

表6-1　标签一览表

标 签 名	类 别	描 述	扫描时间（s）	I/O	I/O 地址
WATER_1_A	AI	1号水罐水位	1	SIM	0
WATER_2_A	AI	2号水罐水位	1	SIM	1

（续）

标　签　名	类　别	描　　述	扫描时间（s）	I/O	I/O 地址
WATER_1_MAX	AI	1 号水罐上限值	1	SIM	10
WATER_1_MIN	AI	1 号水罐下限值	1	SIM	11
WATER_2_MAX	AI	2 号水罐上限值	1	SIM	12
WATER_2_MIN	AI	2 号水罐下限值	1	SIM	13
WARNING_1	AI	1 号水罐报警标志	1	SIM	20
WARNING_2	AI	2 号水罐报警标志	1	SIM	21
MOTOR	AI	电动机	1	SIM	31
TIAOJIEFA	AI	调节阀	1	SIM	32
CHUSHUIFA	AI	出水阀	1	SIM	33
MOTOR_STATUE	DI	电动机状态	1	SIM	50：0
TIAOJIEFA_STATUE	DI	调节阀状态	1	SIM	51：0
CHUSHUIFA_STATUE	DI	出水阀状态	1	SIM	52：0
SWITCH	DI	手自动调节开关	1	SIM	53：0
WARNING_MAX_1	DI	1 号水罐上限报警	1	SIM	54：0
WARNING_MIN_1	DI	1 号水罐下限报警	1	SIM	55：0
WARNING_MAX_2	DI	2 号水罐上限报警	1	SIM	56：0
WARNING_MIN_2	DI	2 号水罐下限报警	1	SIM	57：0

6.2.2　动画连接

由图形对象搭制而成的图形界面是静止不动的，需要对这些图形对象进行动画设计，真实地描述外界对象的状态变化，达到过程实时监控的目的。iFIX 实现图形动画设计的主要方法是将用户窗口中图形对象与过程数据库中的标签建立连接，在不同的数值区间内设置不同的图形状态属性（如颜色、大小、位置移动、可见度和闪烁效果等），将物理对象的特征参数以动画图形方式来进行描述，在系统运行过程中，图形对象的外观和状态特征由数据标签实时采集值驱动，从而实现图形的动画效果。

1. 水罐动画连接

在画面中双击添加的罐动画进入罐图符界面，如图 6-18 所示。首先输入罐液位用标签名，通过单击右侧 [...] 按钮进入图 6-19 所示表达式编辑器界面，选择 "FIX 数据库" 中的液位 1 的标签（工程中是 WATER_1_A），注意域名选用 F_CV 用来显示实时值。单击 "确定" 按钮，随后回到罐图符界面，在 "输入范围" 中勾选 "从数据源提取限值"，即自动获取数据源设定的上下限值。

2. 阀和泵动画连接

（1）阀动画连接　在画面中右击添加的阀图符集，选择 "动画" 选项进入基本动画对

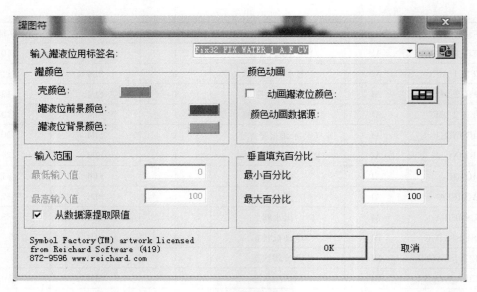

图 6-18 罐图符界面

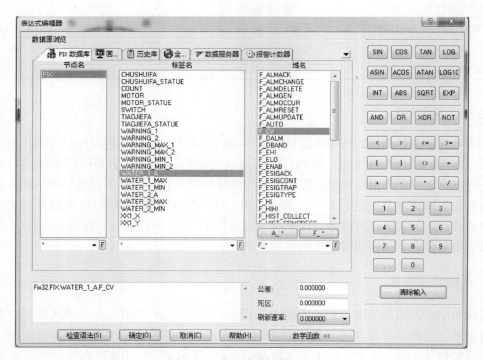

图 6-19 表达式编辑器界面

话框,如图 6-20 所示。勾选"其它动画"中的"高级动画"或者单击"配置"按钮进入高级动画配置界面,如图 6-21 所示。

单击"颜色"选项卡出现图 6-22 所示界面。首先选中"属性"中的 ForegroundColor 选项,然后弹出图 6-22 下方"ForegroundColor 动态设置属性"界面。需设置的内容包括以下几项:

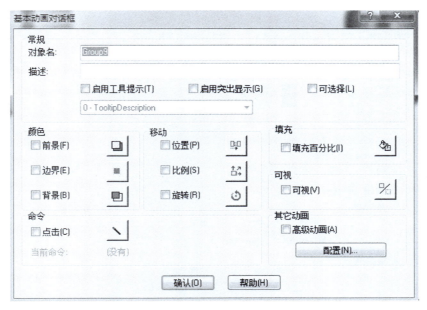

图 6-20 基本动画对话框

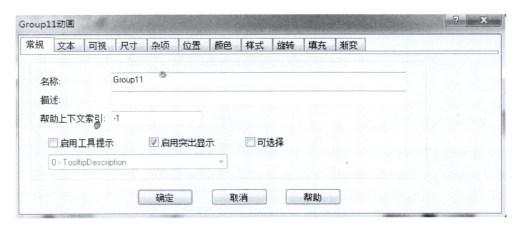

图 6-21 iFIX 图形高级动画配置

1）数据源：单击"数据源"方框后面的 ⋯ 按钮，在数据库中选择所要连接的数据。

2）转换类型："数据转换"选择"表"。

3）表格设置：有"完全匹配""范围比较"两种设置方法。"完全匹配"表示当前值必须跟设定值相同时才执行后面的颜色命令。"范围比较"表示当前值在设定值范围内时执行后面的颜色命令。

在图 6-20 中勾选"命令"中的"点击"选项或者单击 ⟍ 按钮进入"多命令脚本向导"对话框，如图 6-23 所示。单击"配置动作"中的 📝 按钮进入 VBA 脚本编写界面（有关 VBA 脚本后续将会介绍），单击"确定"按钮即可为阀添加单击动画。

（2）泵动画连接 泵属性设置跟阀属性设置一样，不再赘述。

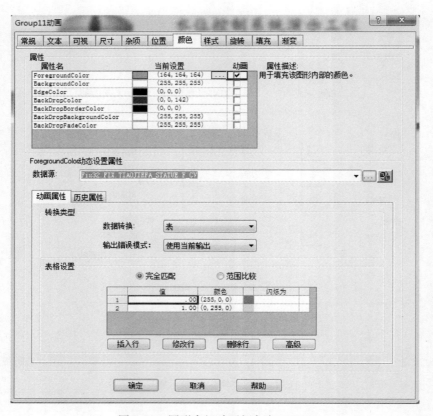

图 6-22　图形高级动画颜色窗口配置

3. 滑动输入器动画连接

怎么使水罐的水位也动起来呢？在水罐动画连接中，水罐1、2分别与数据对象"液位1""液位2"连接，我们可以用两个滑动输入器分别改变"液位1"和"液位2"的数值，从而改变水罐1和水罐2的水位值。

（1）滑动输入器背景组态　在"工具箱"中单击"矩形"图标 ■，或者单击工具栏"插入"项选择"图形"，从下拉框中选择矩形，然后在画面中绘制合适大小的矩形，然后鼠标右键单击矩形选择"颜色"修改合适的颜色。

（2）滑动输入器动画连接　在"工具箱"中单击"插入 OLE 对象"图标 ⬛，或者单击工具栏"插入"项选择"图形"，从下拉框中选择"OLE 对象"，如图 6-24 所示。选择"Microsoft Slider Control"控件插入滑动输入器。

图 6-23　多命令脚本向导

双击添加的滑动输入器进行 Slider 属性设置，如图 6-25 所示。在"通用"选项卡中设置最大、最小值，这里设置为液位的标签的上下限值。大幅调整可设置为 10 。可在"外观"选项卡中将"滑块频率"设置为 1。单击"确定"按钮完成属性配置。

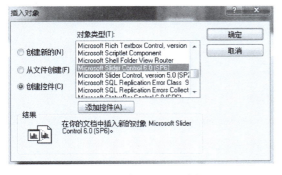

图 6-24　插入 OLE 对象

图 6-25　Slider 属性

右击滑块选择"动画"进行动画配置，在高级动画配置中单击"杂项"进行数据源绑定。具体配置如图 6-26 所示。

图 6-26　滑动输入器高级动画配置

有关通过滑动输入器改变"液位 1""液位 2"的当前值通过 VBA 脚本进行编写，后续进行讲述。

4. 显示仪表动画

为了能够准确了解水罐 1、2 的水位值，我们可以用数字显示仪表和旋转指针式仪表显示其值。

（1）数字显示仪表动画连接 这里插入 OLE 对象"MicrosoftForms 2.0 Label"充当数字显示仪表，在 Label 的高级动画配置的"外观"选项卡中进行配置，如图 6-27 所示。

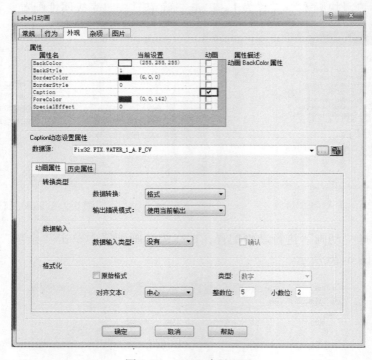

图 6-27 Label 动画配置

（2）旋转指针式仪表动画连接 工业现场一般都有指针式仪表显示装置，如果用户需要在动画界面中模拟现场的仪表运行状态，可以在"图符集"中添加"仪表盘"，在弹出的"表计图符"对话框中进行图 6-28 所示配置。

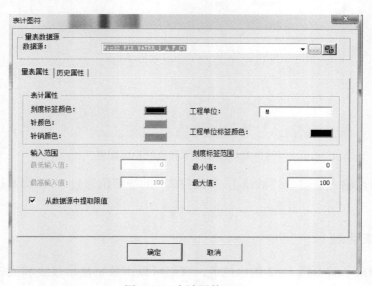

图 6-28 表计图符配置

这时按 < Ctrl > + < W > 键或者单击 按钮进入运行界面，拉动滑动输入器使整个画面动起来，同时，数字显示仪表和旋转指针式仪表都能正确显示水罐1、2的液位值。

6.2.3　数据仿真

在过程数据库中 I/O 驱动采用"SIM 驱动器"，通过其信号发生寄存器产生一组模拟的数据，以供用户调试工程使用。信号发生寄存器含义见表6-2。

表 6-2　信号发生寄存器含义

寄 存 器	描　　述	有效输入
RA	生成一个 EGU 范围为 0～100% 的梯度值，其变化率由 RY 寄存器控制	只读
RB	以每秒钟计 20 个数的速度，从 0～65535 计数	只读
RC	通过一个 16 位的字转换一个二进制位，其变化率由 RZ 寄存器控制	只读
RD	生成一个 EGU 范围为 0～100% 的正弦波，其变化率由 RY 寄存器控制	只读
RE	生成一个 EGU 范围为 0～100% 的正弦波，其变化率由 RY 寄存器控制。这个正弦波相对于 RD 寄存器延迟 90°	只读
RF	生成一个 EGU 范围为 0～100% 的正弦波，其变化率由 RY 寄存器控制。这个正弦波相对于 RD 寄存器延迟 180°	只读
RG	生成一个 EGU 范围为 25%～75% 的随机数	只读
RH	生成一个梯度爬升到 EGU 范围为 100% 的值，然后再突降至 0，其变化率由 RJ 寄存器控制	只读
RI	控制 RH 寄存器中值的梯度变化方向。等于零的时候，RH 寄存器梯度下降；等于 1 的时候，RH 寄存器梯度爬升。当 RH 达到 0 或 100% 的 EGU 限值时，其值会自动改变	数字值（0 或 1）
RJ	控制 RH 寄存器中值的梯度变化速度（每小时的循环数）。默认为 60（每分钟一个循环）	数字值（2～3600）
RK	允许或禁止在 RH 寄存器中生成值。输入零可以冻结（禁止）梯度变化，非零值则将其允许	数字值（0 或 1）
RX	允许或禁止在其他寄存器中生成值。输入零可以冻结（禁止）梯度变化，非零值则将其允许	数字值（0 或 1）
RY	控制 RA、RD、RE 和 RF 寄存器中新值生成的速度（每小时的循环数）。默认情况下，RY 寄存器设定为 60（每分钟一个循环）	数字值（2～3600）
RZ	控制 RC 寄存器中值改变的速度（每小时的循环数）。默认情况下，RZ 寄存器设定为 180（每分钟变化 3 位）	数字值（2～1200）

我们可以通过 SIM 驱动器仿真，使动画自动运行起来而不需手动操作，具体如下：

在之前的过程数据库中建立基于 SIM 驱动器的 AI 标签，如图6-29所示。勾选"高级选项"中的"允许输出"选项。

这时再进入运行模式，会发现"水位控制系统"自动运行起来了，但美中不足的是"液位1""液位2"的值无法修改并且阀门不会根据水罐中的水位变化自动开启。

图 6-29　模拟量输入（仿真数据）

6.2.4　编写控制流程

如果想让水泵、调节阀和出水阀根据水罐中的水位变化而自动开启或关闭，就需要运用调度和脚本程序编写控制流程。

1. 调度

在 iFIX 中调度通常用来触发规定的动作、指令或程序等，当配置调度所设定的动作、指令或程序达到设定要求后，就会被触发，以一种方式运行。这些动作都是稍后会学习的 VBA 脚本。

调度分为两类：基于时间的调度和基于事件的调度。调度是 iFIX 工作台的一部分，同系统树中的画面同级别，是 iFIX 工作台的一种对象。可以利用调度进行规定条件的 iFIX 进程，例如每隔 5min 在 iFIX 画面中显示系统时间或当某一变量数值达到一定值时打开某一画面等。

（1）基于时间的调度　鼠标右键单击系统树中的"调度"，选择"新建调度"，在"基于时间项"中双击出现"增加定时器调度项"对话框。可根据需要进行配置。动作信息可选择运行专家或 VB 编辑器，如图 6-30 所示。

（2）基于事件的调度　在"基于事件项"中双击出现"增加事件调度项"对话框，可根据需要进行相应的配置，绑定数据源、选择触发条件等，如图 6-31 所示。

对于本演示工程，我们将采用基于事件的调度项，具体操作如下：

图 6-30 基于时间的调度

在"建立基于事件项"中双击建立基于事件的调度，命名为"自动"。数据源选择手自动调节开关的数据标签（FIX32. FIX. SWITCH. F_CV），触发条件选择"总为真"，"时间间隔"设定为 1s，动作信息选择"VB 编辑器"，在弹出的脚本编辑器中编辑自动运行的脚本，如图 6-32 所示。

建立一个命名为"手动"的事件调度，将触发条件改成总为假，其余配置类似，这里不再赘述。

2. 脚本

用户脚本程序是由用户编制的、用来完成特定操作和处理的程序。我们在 iFIX 中使用 VBA 语言对工程进行开发。VB 指的是一种程序开发语言，全名为"Visual Basic"。一般我们说的 VB 指的是 Microsoft Visual Basic 6.0，它是一个单独开发软件程序的软件。VBA 全名 Visual Basic for Applications，它是 VB 对于具体的一个开发软件的应用，一般集成在应用软件中，几乎所有的 Office 软件都支持 VBA。

VBE 是 Visual Basic 编辑器，可以通过"工作台"菜单中的"Visual Basic 编辑器"图标 进入，或者右击对象选择"编辑脚本选项" 编辑脚本 。

对于大多数简单的应用系统，iFIX 的简单组态就可完成。只有比较复杂的系统，才需要使用脚本程序，但正确地编写脚本程序，可简化组态过程，大大提高工作效率，优化控制过程。

那么，如何编写脚本程序来实现自动控制流程呢？

假设要完成的逻辑关系为：当"水罐 1"的水位达到 100m 时，就要把"水泵"关闭，否则要自动关闭"调节阀"。当"水罐 2"的水位达到 10m 时，就要自动关闭"出水阀"，

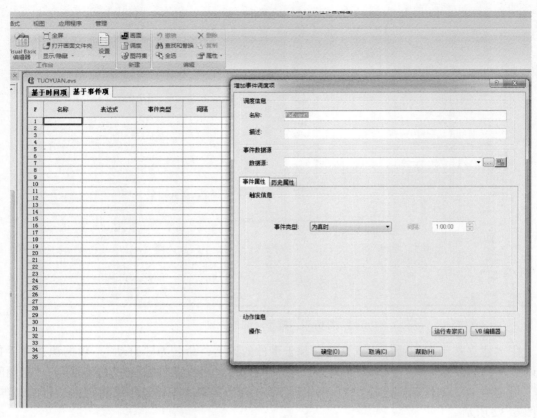

图 6-31 基于事件的调度

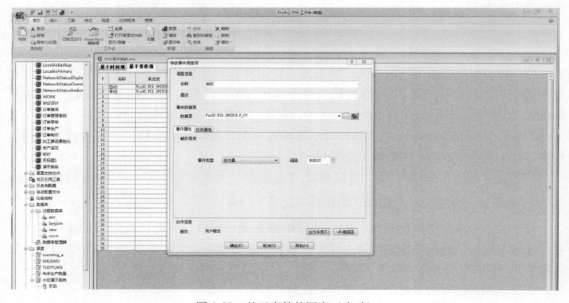

图 6-32 基于事件的调度（自动）

否则自动开启"调节阀"。当"水罐 1"的水位大于 10m、同时"水罐 2"的水位小于 70m 时就要自动开启"调节阀",否则自动关闭"调节阀"。

其中:"水罐 1"的水位 ="水罐 1"的水位 + 电动机抽水速度 – 调节阀的速度。

"水罐 2"的水位 ="水罐 2"的水位 + 调节阀的速度 – 出水阀的速度。

具体操作如下:

打开之前创建的调度,如图 6-33 所示。

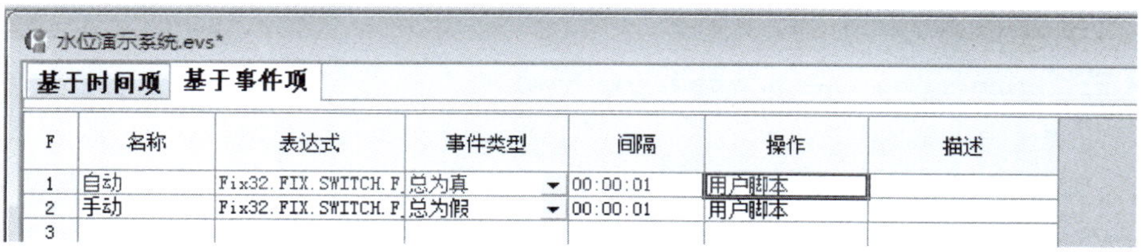

图 6-33　基于事件的调度

再双击名称为"自动"事件调度的"操作"区域,弹出"脚本编辑向导"对话框,如图 6-34 所示。

图 6-34　脚本编辑向导

双击"VB 编辑器"进入脚本编辑界面,如图 6-35 所示。

在图 6-35 所示的脚本编辑界面中输入自动控制的脚本程序,部分程序代码如图 6-36 所示。

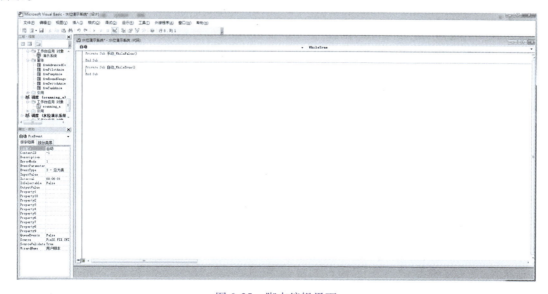

图 6-35　脚本编辑界面

```
a = Fix32.Fix.WATER_1_A.F_CV '1号水罐水位
b = Fix32.Fix.WATER_2_A.F_CV '2号水罐水位
'低于1号水罐的下限值
If Fix32.Fix.WATER_1_A.F_CV <= Fix32.Fix.WATER_1_MIN.F_CV Then
    Fix32.Fix.WARNING_1.F_CV = 1 '报警指示灯1亮
    Fix32.Fix.WARNING_MIN_1.F_CV = 1 '1号水罐下限报警
    Fix32.Fix.MOTOR_STATUE.F_CV = 1 '电动机状态
    Fix32.Fix.MOTOR.F_CV = 5 '设定电动机抽水速度
    Fix32.Fix.TIAOJIEFA_STATUE.F_CV = 0 '设定调节阀状态
    Fix32.Fix.TIAOJIEFA.F_CV = 0 '设定调节阀流速
    '1号水罐的水位
    a = Fix32.Fix.MOTOR.F_CV + a - Fix32.Fix.TIAOJIEFA.F_CV
    '数据整定
    Call water1

    If b <= Fix32.Fix.WATER_2_MIN.F_CV Then '低于2号水罐的下限
        Fix32.Fix.CHUSHUIFA_STATUE.F_CV = 0 '出水阀状态
        Fix32.Fix.CHUSHUIFA.F_CV = 0 '设定出水阀流速
        Call yewei2low
        b = Fix32.Fix.TIAOJIEFA.F_CV + b - Fix32.Fix.CHUSHUIFA.F_CV '2号水罐的水位
        '数据整定
        Call water2
    End If

    If Fix32.Fix.WATER_2_A.F_CV > Fix32.Fix.WATER_2_MIN.F_CV And Fix32.Fix.WATER_2_A.F_CV < Fix32.Fix.WATER_2_MAX.F_CV Then '在2水罐上下限之间
        Fix32.Fix.CHUSHUIFA_STATUE.F_CV = 1 '出水阀状态
        Fix32.Fix.CHUSHUIFA.F_CV = 5 '设定出水阀流速
        Call yewei2medium
        b = Fix32.Fix.TIAOJIEFA.F_CV + b - Fix32.Fix.CHUSHUIFA.F_CV '2号水罐的水位
        '数据整定
        Call water2
    End If

    If Fix32.Fix.WATER_2_A.F_CV >= Fix32.Fix.WATER_2_MAX.F_CV Then '高于2号水罐的上限
        Fix32.Fix.CHUSHUIFA_STATUE.F_CV = 1 '出水阀状态
        Fix32.Fix.CHUSHUIFA.F_CV = 10 '设定出水阀流速
        Call yewei2high
        b = Fix32.Fix.TIAOJIEFA.F_CV + b - Fix32.Fix.CHUSHUIFA.F_CV '2号水罐的水位
        '数据整定
        Call water2
    End If
End If
```

图 6-36　部分程序代码

保存编写的脚本，这时再进入运行环境，就会按照所需要的控制流程，出现相应的动画效果。

▶▶▲ 任务3　报警一览 ▲◀◀

报警指的是数据块的状态已超出用户预先设定的限值或范围，其报警状态需要用户确认后方可消除。

6.3.1　报警一览对象简介

报警一览对象为操作员提供可视化提示，是建立良好操作员界面的关键。达到上述要求的一种做法是将报警一览对象添加到画面中，该对象允许操作员监视、确认、排序和过滤报警，报警一览对象也可以根据报警的状态和优先级使用颜色编码报警，以提供视觉提示。

默认时，报警一览对象显示未确认和已确认的报警，当某一块的值恢复正常，并且报警已经确认时，则报警一览服务自动删除该报警。在"插入"菜单中选择"报警一览"选项可增加报警一览对象，其运行状态如图6-37所示。

设置报警一览对象按照如下步骤执行：首先双击报警一览对象，弹出"报警一览设置"对话框，如图6-38所示。

在图中"操作员"选项卡包括：允许报警确认、允许报警删除、允许运行时刻配置（过滤，排序）、启用列快速排序、显示鼠标右键菜单和允许确认全部报警。"过滤"选项卡用于定义报警类型、输入优先级、节点等内容。"颜色"选项卡用于定义报警状态对应的颜

确认	标签名	最后时间	值	描述
	WATER_2_A	12:59:13.098	51.99	2号水罐水位
	WATER_1_A	12:59:09.095	27.17	1号水罐水位
	WARNING_MIN_2	12:59:15.100	正常	2号水罐下限报警
	WARNING_MIN_1	12:59:12.096	正常	1号水罐下限报警
	WARNING_MAX_2	13:04:55.071	报警	2号水罐上限报警
	WARNING_MAX_1	13:04:40.066	正常	1号水罐上限报警
	TIAOJIEFA_STATUE	12:59:12.096	工作	调节阀状态
	SWITCH	12:59:07.093	自动	手自动调节开关
	MOTOR_STATUE	13:04:40.066	工作	电动机状态
	CHUSHUIFA_STATUE	12:59:15.100	工作	出水阀状态

全部报警：10　　　　过滤：关　　　　排序：标签名，降序　　　　运行

图 6-37　报警一览对象

图 6-38　"报警一览设置"对话框

色和报警优先级对应的背景颜色。"列"选项卡用于定义选择所需显示的列，并调整列的次序。"显示"选项卡用于定义表头、滚动条、行号、状态栏、表格分隔线及闪烁未经确认的报警等选项。

6.3.2　报警限值

1. 数据库标签

在过程数据库中建立1号、2号水罐上下限值和上下限值报警的标签。在上限和下限报警的数字量输入模块的报警服务中进行图 6-39 所示配置。

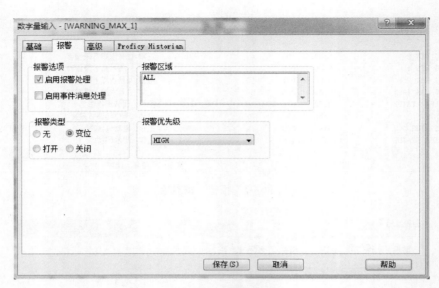

图 6-39 报警配置

2. 制作交互界面

通过对四个标签添加数据输入专家，实现用户与过程数据库的实时交互。

（1）绘制平面背景框 在"工具箱"中单击"矩形"图标 ▮，或者单击工具栏"插入"项，选择"图形"，从下拉框中选择矩形，然后在画面中绘制合适大小的矩形，然后鼠标右键单击矩形，选择"颜色"命令修改合适的颜色。

（2）静态文字注释和数据输入框 选择"工具箱"中"文本"图标 **Aa** 制作四个标签，用于文字注释。通过 OLE 对象插入"Label"控件，选中一个 Label 控件后单击工具箱中的"数据输入专家"图标 ▤，进行图 6-40 所示配置。在运行环境中用于实时设定 1 号、2 号水罐的水位限值。

图 6-40 数据输入专家

配置四个标签"外观"选项卡中的"Caption"的高级动画，用以显示 1 号、2 号水罐的水位设定限值。具体配置如图 6-41 所示。

图 6-41　高级动画配置

　　（3）控制流程　在原 VBA 脚本中加入上下限值的比较：当 1 号罐水位达到下限时关闭调节阀或者打开电动机，当 1 号罐水位达到上限时关闭电动机或者打开调节阀，当 2 号罐水位达到上限时关闭调节阀或者打开出水阀。当 2 号罐水位达到下限时关闭出水阀或者打开调节阀。

　　进入运行环境就可以在运行界面修改"液位 1""液位 2"的上下限值，更改完成后，可以在标签对象中看到修改的限值。

6.3.3　灯光报警动画

　　当有报警产生时，我们可以用指示灯显示，具体操作如下：

　　通过"系统树"的"图符集"添加指示灯并调整其大小放在合适的位置。⬤ 作为"液位 1"的报警指示，◼ 作为"液位 2"的报警指示，双击指示灯进行设置，如图 6-42 所示。

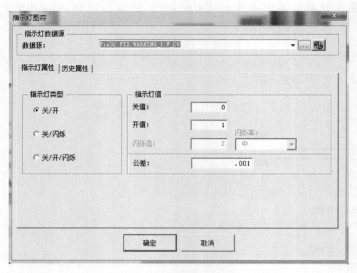

图 6-42 指示灯图符设置

水位控制系统演示工程整体运行效果如图 6-43 所示。

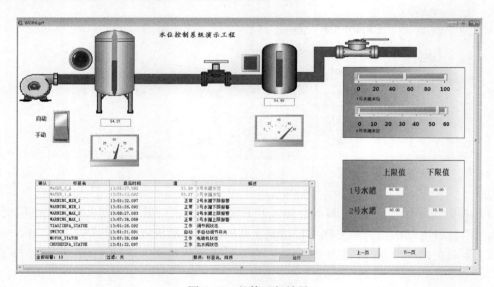

图 6-43 整体运行效果

任务 4 实时数据和历史数据连接

6.4.1 实时数据连接

iFIX 可以通过在操作员画面中使用动画对象将需要的标签的值获取到画面中并且不断更新这些值。这些动画使用刷新率确定屏幕上数据的更新频率。可参考以下操作：

首先创建标识文本，我们以"液位 1"为例，输入"液位 1"并在其属性窗口修改字体、大小及颜色，如图 6-44 所示。

随后选择"插入"→"数据连接"菜单命令，在画面构建数据连接，并进行配置，如图 6-45 所示。

图 6-44　添加标识

图 6-45　数据连接配置

进入运行状态下如图 6-46 所示。

按照上述方法依次添加液位 2、电动机状态、调节阀状态和出水阀状态的实时数据连接。

6.4.2　历史数据连接

1. 历史数据库

工作台擅长直接从数据源向操作员提供实时信息。操作员通常会查看趋势图数据来了解数据随时间的变化或比较当前情况与不同时间段的情况。iFIX 将数据的永久存储任务交给了名为"Historians"的独立应用程序。通常使用两种历史数据库：iFIX 传统历史库和 Proficy Historian。本工程主要使用 iFIX 传统历史库。首先需要对历史库进行配置，在"系统树"中单击"历史库配置"前面的"+"号展开，如图 6-47 所示。

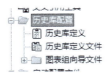

液位1：　76.17

图 6-46　运行状态下的实时液位

图 6-47　历史库配置

（1）历史库定义（HTA）　HTA 是一个非常简单的电子表格应用，可将一些设置组织成采集引擎使用的一组文件。电子表格的行被保留用于独立采集组，列显示这些组的特定设置。HTC 启动时，将查看所有采集组信息，并将数据按照指令进行归档。采集的所有数据将被发送至同一文件。这些文件可以被设置为以 4 小时、8 小时和 24 小时的间隔进行创建，如图 6-48 所示。这些文件的扩展名分别是 H04、H08 和 H24。iFIX5.5 以上版本没有历史库定义，需要额外安装。

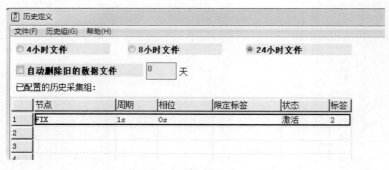

图 6-48　历史库定义

（2）历史采集组　双击一行打开现有采集组或创建新组，如图 6-49 所示。使用下列规则管理采集组配置：

1）每组 80 个标签用于采样。

2）每组只指定一个 SCADA。

3）采集组内所有标签使用同一采样周期（和相位）。

图 6-49　设置采集组

⬚ 按钮允许浏览有效设置。节点浏览器将从用户的 SCU 网络配置获取有效 SCADA 节点。限定标签是一个来自 PDB 的标签，用于控制组的采集。零（0）值将停止采集，任何其他值将开始采集。

采样周期最低可设置为 1s，最高设置为 30min。限值将过滤掉改变量低于此数字的值，以单位度量（而非百分比）。保存更改将把设置提交给 HTR 目录内的单个 HTRGRP##. DAT 文件。标签名浏览器⬚为用户提供简单的界面，用于选择来自 PDB 的节点、标签、字符组合，无需指定数据源语法的服务器部分，一次只能添加一个标签（花费大量时间），如图 6-50 所示。

（3）历史采集　没有用于历史采集的详细界面。这是一个后台任务，与 WSACTASK 非常类似，但可以由 iFIX 控制启动，如图 6-51 所示。任务控制诊断应用提供了一个选项卡，用于通过 HTC 选项卡简单地启动和停止采集，如图 6-52 所示。

历史库定义中采集组更改后，需要使用任务控制来停止并重启 HTC。HTC 仅在启动时查看配置文件。

2. 历史数据连接显示

下面简述利用 vxDATA 控件和 vxGrid 控件显示历史数据。

图 6-50　HTA 标签浏览器

图 6-51　任务控制

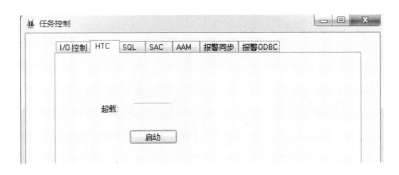

图 6-52　任务控制中的 HTC 选项卡

首先在 OLE 对象中找到控件，如图 6-53 所示。接着双击添加的 Data 控件，出现属性设置对话框，在"选择数据提供者"选项卡选择"Microsoft OLE DB Provider for ODBC Drivers"，如图 6-54 所示。

在"数据库"选项卡"选择数据库"下拉列表框中选择"FIX Dynamics Historical Data"（历史数据库），如图 6-55 所示，单击"测试连接"提示连接成功。

在"记录源"选项卡中，"命令类型"选

图 6-53　插入对象

择"SQL 命令"，单击 Run SQL Wizard 按钮进入"Select 操作"对话框，如图 6-56 所示。单击"SQL Select"，选择表为"FIX"；单击"下一步"，可用列选择"FIX. TAG、FIX. VALUE 和 FIX. DATETIME"；单击"下一步"，在"创建行过滤"对话框选择"FIX. VALUE"、不为空，如图 6-57 所示；再选择按时间升序或降序排列。

图 6-54 属性设置（提供者）

图 6-55 属性设置（数据库）

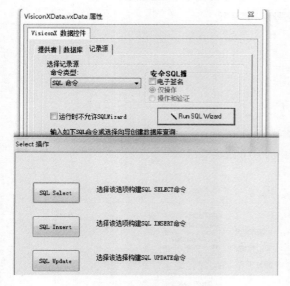

图 6-56 Select 操作

图 6-57 创建行过滤

单击"完成"按钮完成 Data 控件的配置。接着再配置 Grid 表格控件，具体如下：

为 Grid 表格的"行为"选项卡中的"ADORecords"配置高级动画，如图 6-58 所示。添加数据源时，在"画面"选项卡中，"对象"选择当前画面中的 Data 控件，"属性"选择ADORecords，如图 6-59 所示，单击"确定"按钮完成数据源添加。在高级动画配置的动画属性中将数据转换选择对象。单击"确定"按钮完成 Grid 表格控件的配置。

此时进入运行状态即可发现 Grid 表格控件中导入由 Data 控件从历史数据库中读取到的历史数据，如图 6-60 所示。

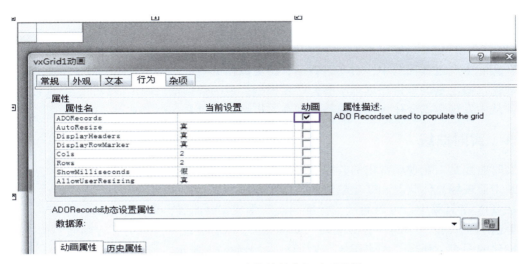

图 6-58   Grid 表格控件高级动画配置

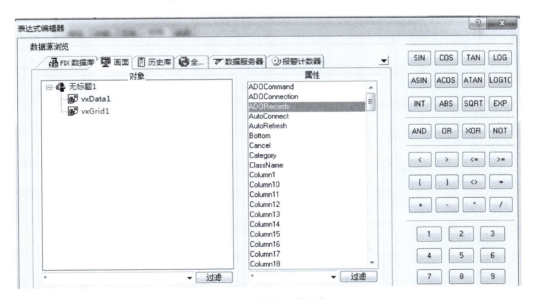

图 6-59   数据源的添加

TAG	VALUE	DATETIME
WATER_1_A	45.02632	2019/4/29 13:00:03
WATER_1_A	71.05211	2019/4/29 13:01:03
WATER_1_A	15.07591	2019/4/29 13:02:03
WATER_1_A	46.10666	2019/4/29 13:03:03
WATER_1_A	59.11955	2019/4/29 13:04:03
WATER_1_A	33.17311	2019/4/29 13:05:03
WATER_1_A	84.22369	2019/4/29 13:06:03
WATER_1_A	84.22369	2019/4/29 13:07:03
WATER_1_A	84.22369	2019/4/29 13:08:03
WATER_1_A	84.22369	2019/4/29 13:09:03
WATER_1_A	84.22369	2019/4/29 13:10:03
WATER_1_A	84.22369	2019/4/29 13:11:03
WATER_1_A	84.22369	2019/4/29 13:12:03
WATER_1_A	84.22369	2019/4/29 13:13:03

图 6-60   效果展示

➤▲ 任务5　曲线显示 ▲◄

在实际生产过程控制中，对实时数据、历史数据的查看、分析是不可缺少的工作。但对大量数据仅做定量的分析还远远不够，必须根据大量的数据信息画出曲线，分析曲线的变化趋势并从中发现数据变化规律，曲线处理在工控系统中也是一个非常重要的部分。

6.5.1　实时曲线

实时曲线是工业现场常用的监控手段，它显示了数据的当前值、变化过程和变化趋势，是反映工业现场总体状况和变化趋势的数据图表。

在iFIX工具箱中，可以通过"标准图表"生成实时曲线，具体操作如下：

单击"工具箱"中的"标准图表"图标 ⟂，鼠标变成十字形时，在画面中构建图表。双击构建的图表，弹出"图表配置"对话框，如图6-61所示。

要显示实时数据的趋势，需要使用标准的iFIX数据源。可在"图表配置"对话框的"笔列表"显示，如图6-62所示。单击"浏览"按钮，显示"表达式编辑器"，编辑数据源，使用的数据源格式：FIX32. FIX. NODE. TAG. FIELD。

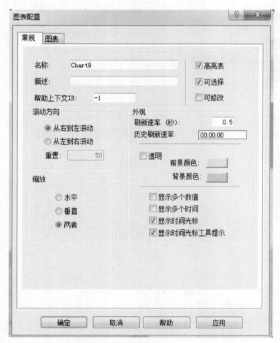

图6-61　图表配置（常规）

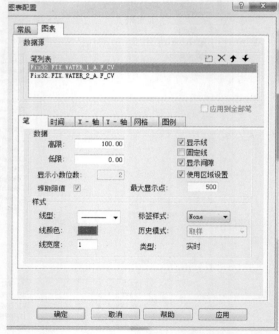

图6-62　图表配置（图表）

一旦定义了数据源，该数据源自动指定一个实时数据模式。"图表配置"对话框定义了如何使用笔来表示数据，使用"图表"选项卡来定义数据属性。"图表配置"对话框可以指定许多属性，包括：笔类型、时间范围、X轴和Y轴以及网格类型和数据源。笔类型包括：定义线型、线颜色和标注类型，如图6-62所示。时间范围包括：为所有笔指定一个全局时间周期，或者为每一个笔分别选择一个时间周期。X轴和Y轴设置包括：在图表中指定用户的 X 轴和 Y 轴。网格类型包括：控制水平和垂直方向的网格。数据源包括：任何数字型数值都可作为数据源。当用扩展趋势块（ETR）时：F_CV 为当前值，T_DATA 才显示缓冲区的趋势数据。下面详细讲解图表中的各个选项卡。

（1）笔选项卡　笔选项卡允许用户设置线条特性、表样式和 Y 轴的限值。与许多动画相同，图表可从标签获取限值。这里还可以设置历史数据检索模式。用户可以设定检索的最大点数，以更好地控制性能和保持数据的可读性。

（2）时间选项卡　获取数据所需的时间特性在时间选项卡内设置。可以提供固定的日期和时间，以便总是获取相同的数据集。更常见的是设置相对时间，以便数据可以总是为用户显示最近的历史记录。注意只设置开始时间。时间轴长度对于设置所需的时间段非常重要，结束时间可以从该值推导出。取样间隔在使用历史数据检索模式时十分重要，也在该选项卡内设置。

（3）X 轴、Y 轴和网格选项卡　允许配置勾选项、标识和标题以及轴和网格颜色。

（4）图例选项卡　图例选项卡允许开发人员选择出现在图表的画笔页脚图注内的信息。图例信息采用颜色编码，与图表内的画笔相匹配，选择后，将修改轴信息，以匹配目标画笔。

6.5.2　历史曲线

标准图表不仅可以实现实时曲线监控，还可以实现历史数据的曲线浏览功能。运行时，历史曲线能够根据需要画出相应历史数据的趋势效果图。历史曲线主要用于事后查看数据和状态变化趋势和总结规律。进行如下操作：

构建一张新的标准图表，双击打开"图表配置"对话框，进入"图表"选项卡添加笔，此时添加笔与实时曲线不同——此时不再从"FIX 数据库"选取数据源，而是从"历史库"中选择数据源，如图 6-63 所示。随后在时间选项卡中设定开始时间和时间轴长度即可。

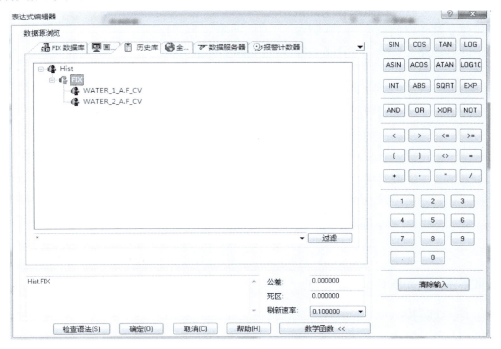

图 6-63　历史曲线配置

此时进入运行界面即可看到实时曲线和历史曲线。

任务6 首页设计与画面切换

6.6.1 创建首页画面

1）新建一个画面。在画面中插入文本"iFIX 组态软件演示工程"，通过属性设置修改其字体、颜色与大小至合适值。

2）在文本下方，在"插入菜单"中 [图标] 的下拉框中选择"当前日期"和"当前时间"，插入日期与时间。

3）在时间和日期下方，画一个椭圆，再画一个小圆，实现小圆在画出的椭圆上移动。详细步骤如下。

首先建立三个标签，见表6-3。

表6-3 首页标签一览表

标签名	类别	描述	扫描时间（s）	I/O	I/O 地址
COUNT	AI		1	SIM	40
XX_X	AI	X 坐标	1	SIM	41
XX_Y	AI	Y 坐标	1	SIM	42

接着将 XX_X 和 XX_Y 标签分别添加为小圆"位置"属性的"HorizontalPosition"和"VerticalPosition"高级动画属性中的数据源中。

最后建立基于时间调度的 VB 脚本，"时间间隔"为"1s"。

小圆的运动路径脚本参考图6-64，通过椭圆的参数方程计算出小圆的运动轨迹坐标。

```
Dim I As Long
''走椭圆路径
If 0 <= Fix32.Fix.Count.F_CV And Fix32.Fix.Count.F_CV <= 628 Then
    Fix32.Fix.Count.F_CV = Fix32.Fix.Count.F_CV + 10
    I = Fix32.Fix.Count.F_CV
    '定义位置
    Fix32.Fix.XX1_X.F_CV = 20 * Cos(I / 100) + 30
    Fix32.Fix.XX1_Y.F_CV = 10 * Sin(I / 100) + 30
    End If

If Fix32.Fix.Count.F_CV > 628 Then
    Fix32.Fix.Count.F_CV = Fix32.Fix.Count.F_CV - 628
    I = Fix32.Fix.Count.F_CV
    '定义位置
    Fix32.Fix.XX1_X.F_CV = 20 * Cos(I / 100) + 30
    Fix32.Fix.XX1_Y.F_CV = 10 * Sin(I / 100) + 30
End If
```

图6-64 小圆运动路径脚本

首页整体效果如图6-65所示。进入运行环境发现动画效果为小圆在椭圆上进行移动。

6.6.2 画面切换

画面的切换通过画面切换专家来实现，以首页为例，插入一个"欢迎使用"文本并选中该文本对象，选择"工具"→"命令"→"打开画面"菜单命令，弹出"打开画面专家"对话框，如图6-66和图6-67所示。

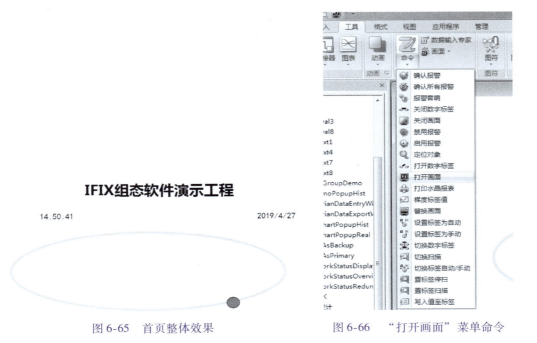

<table>
<tr><td>图 6-65　首页整体效果</td><td>图 6-66　"打开画面"菜单命令</td></tr>
</table>

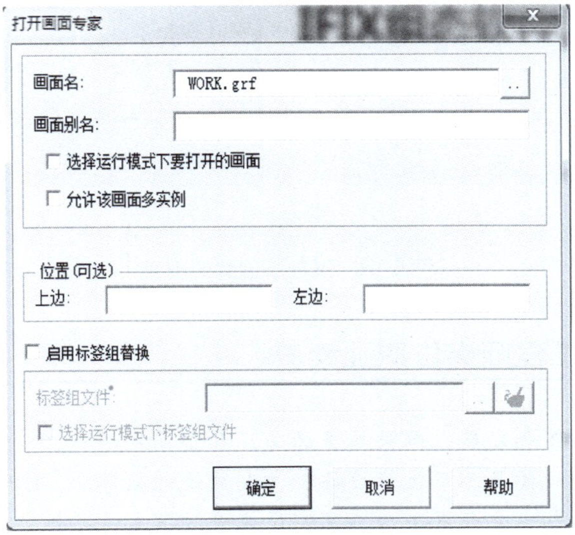

图 6-67　"打开画面专家"对话框

　　在"打开画面专家"对话框中单击"画面名"输入框右侧的 ┅ 以选择需要打开的画面。以此为参考依次为水位控制系统演示工程添加按钮用来切换画面。该工程所有创建的画面如图6-68所示，通过文本对象和按钮实现画面切换。

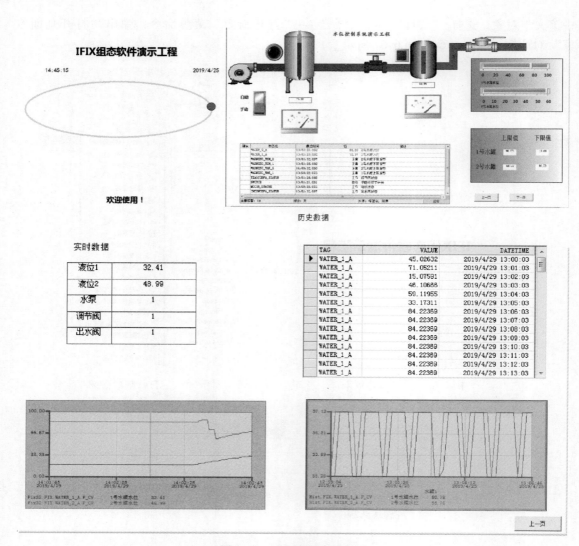

图 6-68　过程所创建的画面

视野拓展　组态工程师岗位职业素养

伴随着智能制造的蓬勃发展，越来越多的工厂和企业在进行工厂数字化和智能化的升级改造，其中组态监控系统便是工厂生产设备和控制系统的数字化。针对工厂数字化需求，组态工程师运用成熟平台或自主开发平台工具实现生产过程或设备运行的可视化，并对系统进行运营维护等。

1. 组态技术相关岗位技能要求

1）具备系统的电气自动化基础知识。

2）熟悉组态对象的生产工艺流程、自动化控制系统架构。

3）掌握智能控制领域主流的通信协议。

4）掌握不同组态监控软件产品或平台功能实现的数据逻辑和功能开发流程。

5）能够综合运用计算机语言和数据库等工具开发组态项目。

2. 组态工程师任职要求

1）自动化控制相关专业。

2）能熟练使用两种以上组态软件者更佳。

3）有良好的职业素养和沟通交流能力，具有良好的团队意识和团结协作精神。

4）有人机界面开发经验者优先。

3. 组态工程师的职业发展方向

1）自动化控制系统 SCADA 开发工程师。

2）综合运用 PLC、智能传感器、SCADA 等技能的自动化系统集成工程师。

3）运用 IT 实现自动化和信息化的综合应用，可以成为自动化软件工程师或软件工程师。

附 录

MCGS使用技巧

1. 可以不卸载就用新版本覆盖安装旧版本吗？

答：可以，但建议先卸载干净旧版本再安装新版本，以免旧版本中的文件影响软件的运行。**注意：**卸载前一定要备份用户工程和文件。

2. 需要安装其他的软件来支持数据库访问吗？

答：不需要。MCGS自带数据库引擎，可以直接对数据库读写。

3. 怎样的操作系统最有利于MCGS的安装使用？

答：微软的Windows 95/98/NT/2000都可以，从稳定性和安全上来考虑，建议用Windows 95/NT/2000，同时推荐在95/NT/2000操作系统上仅仅安装MCGS，而不安装其他软件。

4. 子菜单的项数和级数如何搭配比较合理？

答：菜单的项数和级数不应太大，项数不宜超过5项，级数不宜超过3级。

5. 在制作画面时，能不能直接用扫描仪把图形扫描进去？

答：先用扫描仪把图形扫进计算机存为bmp格式、jpg格式、png格式等多种格式的图片，然后从工具箱中选取位图构件，单击鼠标右键在菜单中选择"装载位图"将存好的各种格式的位图调入并调整好大小位置即可。

6. 怎样将∗.bmp文件或其他格式的图片文件粘贴到用户窗口的画面中？

答：方法1：先用扫描仪把图形扫进计算机存为bmp格式、jpg格式、png格式等多种格式的图片，然后从工具箱中选取位图构件，单击鼠标右键在菜单中选择"装载位图"将存好的各种格式的位图调入并调整好大小位置即可。

方法2：选择工具箱中的文件播放构件，设置其属性即可。目前，支持bmp、jpg、avi三种文件格式。

7. 如何播放∗.avi或∗.wav文件？

答：用工具箱中的文件播放构件。

8. 如何使画面中的数字、文本显示等能根据值的不同用不同的颜色显示？

答：可以用多个图形或文本相叠加的方法实现，例如：某个测量值value在0~100内用蓝色表示，大于100时用红色表示，就可以用两个同样大小的显示框，一个字体颜色选为蓝色，设置其属性中的可见度表达式为value>100，对应图符不可见；另一个用红色，设置其属性中的可见度表达式为value>100，对应图符可见。这样在系统运行时就会根据value值的不同显示不同的颜色。

9. 如何精确地调整标签或输入框的大小和位置？

答：使用键盘的四个箭头键可以精确调整控件的位置，使用<Shift>键+箭头键可以精确调整控件的大小。

10. 动画的动作变化非常慢，为什么？

答：通过"主控窗口"→"系统属性"→"系统参数"，可以修改闪烁周期和动画刷新周期时间，适当减小时间可以加快变化速度。

11. 为什么"构成图符"菜单项是灰色的？

答：工具箱中的很多控件不能构成图符，例如输入框、按钮等。如果出现上面的情况，是因为包含不能构成图符的控件。

12. 如何挂接第三方控件？

答：选择"工具"→"策略构件管理"菜单命令，然后选择"安装"，指定第三方构件的路径就可以自动挂接了。

13. 如何用一个历史曲线根据要求显示不同变量的趋势曲线？

答：如果需要在适当的时候只显示一条曲线，具体的脚本程序实现如下："历史曲线窗口．历史曲线．SetTrendVisible (曲线号，可见度)"。曲线号数值范围：1~16，可见度数值范围：0或1。

14. 如何使历史曲线显示时直接跳到某个时间？

答：设置X轴的起始时间，使用函数SetXStart (开始时间)，时间的格式为"yyyy－mm－dd hh:mm:ss"。

15. 历史曲线能够实时刷新吗？

答：可以，在历史曲线构件的高级属性中选中"运行时自动刷新"复选框，并设置自动刷新时间即可。

16. 能够分解现有图库中的图并进行二次组合吗？

答：可以，将图从图库中提取出来后，单击鼠标右键，在弹出的菜单中选择"排列"菜单项，从弹出的二级菜单中可以看到"分解图符"或"分解单元"菜单项，选择其中的命令即可。如果没有上述菜单项则说明该图元不是由图符或单元组成的，不能分解。

17. 用户的劳动成果能够保存并在其他工程中利用吗？

答：可以，选中需要保存的图元，再选择工具箱中的保存元件构件就弹出"对象元件管理库"对话框，根据需要可以进行改名、分类等操作。在组态其他工程时就可以从元件库中调出。

18. 卸载MCGS时如何保留图库并再次利用？

答：如果需要安装和卸载的MCGS版本相同或系统元件库相同，那么，在卸载之前先将MCGS中Program目录中的Library. lib复制到别处保存起来，安装新的MCGS后，用该文件将同名文件覆盖即可。

19. 如何实现历史报表的定时打印？

答：系统固有循环策略不能修改"策略执行方式"。要实现历史报表的定时打印，首先新建一个循环策略并将"策略执行方式"设置为"在指定的固定时刻执行"，然后确定打印的时间。在该策略中添加一个"数据提取"构件和"脚本程序"构件，"脚本程序"构件中2加入以下代码：

```
!setwindow (历史报表窗口, 2)    '窗口被打开且隐藏
!setwindow (历史报表窗口, 5)    '刷新窗口
!setwindow (历史报表窗口, 4)    '打印窗口
!setwindow (历史报表窗口, 3)    '关闭窗口
```

然后，建立历史报表窗口，加入历史报表构件，选择需要打印的数据即可实现定时打印。

20. 如何制作一个横向的报表？

答：在历史表格的数据库连接设置属性框中取消勾选"每一行表格单元显示一条数据记录（水平填充记录）"。

21. 记录太多，无法在一页中显示，怎么办？

答：在历史报表的"数据库连接设置"选项卡中选中"显示多页记录"。

22. 报表显示的数据小数位数长短不一，怎么办？

答：当连接的数据表列是数值型时，可以用格式化字符串来规范数据形式。格式化字符串应写为"数字1 | 数字2"样式。在这里，"数字1"指的是输出的数值应该具有小数位的位数，"数字2"指的是输出的字符串后面，应该带有的空格个数，在这两个数字的中间，用符号"|"分开。如"3 | 2"表示输出的数值有三位小数并附加两个空格。

23. 表格单元运算后的结果如何送入变量中？

答：选中表格单元，选择"表元连接"命令，弹出"表元格界面属性设置"对话框，选中"表格单元内容输出到变量"复选框，在下面的输入框中填入变量名或从实时数据库中选择变量即可。

24. 表格的内容在打印前能够修改吗？

答：自由表格中的数据不能修改；历史表格的数据可以修改，激活历史表格，单击鼠标右键，选择"表元连接"，选中"表格单元可编辑"。

25. 4个系统内建变量算点吗？

答：不算点数。4个系统内建变量为：InputETime、InputSTime、InputUser1、InputUser2。

26. 变量名字能用中文吗？

答：变量名字既可用中文，也可用英文。

27. 组对象有什么用处？

答：用来存储具有相同存盘属性的多个变量的集合，内部成员可包含多个其他类型的变量。组对象一般是作为数据来源用于制作报表和进行数据的处理，用户把变量加入到组对象后只需对组进行处理，而不需要处理每个对象，不仅节省了大量的时间而且有利于管理。

28. 如何才能知道已经用了多少个点？

答：通过"工具"→"使用计数检查"菜单命令即可。

29. 定义、使用过的变量，变量无法删除，怎么办？

答：通过"工具"→"使用计数检查"菜单命令检查变量使用情况，可以删除没有用到的变量。如果某变量删不掉，说明此变量正在使用，不能删除。

30. 历史数据库在哪里？

答：在主控窗口的属性设置中有一项是存盘参数，在这里选择数据库的存放位置，一般建立新工程时，都会有默认的存盘数据库。如工程存储路径为"D:\MCGS\Work\水位控制系统.MDB"，则默认的存盘数据库为"D:\MCGS\Work\水位控制系统 D. MDB"。

31. 历史数据库是什么类型的？能对其操作吗？

答：历史数据库是 Access 数据库或 ODBC 数据库，有相关软件就能对其进行修改。

32.　如何实时打印报警信息？

答：报警信息的存盘和实时打印由 MCGS 的实时数据库负责管理，但组态时，需要对数据对象属性中的"存盘属性"选项卡进行设置，选取"自动保存产生的报警信息"选项和"自动实时打印产生的报警信息"选项，否则，系统不保存也不实时打印报警信息。

33.　为什么报警信息不能保存下来？

答：在对数据对象属性中的"存盘属性"选项卡设置时，没有选取"自动保存产生的报警信息"选项。

34.　怎样将十进制数转换成十六进制数？

答：先用系统函数中的字符串操作函数"!I2Hex(s)"把数值转换为十六进制字符串，再用"!lVal(str)"将字符串转化为长整型数值，例如"!I2Hex(17) = "11"，! lVal("11") = 11"。

35.　怎样实现对带有小数位的数据进行四舍五入处理？

答：对数据对象属性中的"基本属性"选项卡设置时设定小数位数。

36.　如何比较两个字符串是否相同？

答：可以用"!StrComp(str1,str2)"函数比较字符型数据对象 str1 和 str2 是否相等，返回值为 0 时相等，否则不相等。不分大小写字符。如"!StrComp("ABC","abc") = 0"。

37.　如何操作磁盘文件？

答：在 MCGS 的系统内部函数中提供了一些文件操作函数，例如"!FileAppend(strTarget, strSource)"函数，将文件"strSource"中的内容添加到文件"strTarget"后面，使两文件合并为一个文件。函数具体内容和使用方法可查看在线帮助。

38.　如何实现时间的运算？

答：在 MCGS 的系统函数中提供了一些时间运算函数可对事件进行运算。例如"!TimeStr2I (strTime)"函数，将表示时间的字符串"(YYYY/MM/DD HH:MM:SS)"转换为时间值，如"!TimeStr2I ("2001/1/1 3:15:28")"函数将表示时间的字符串"2001/1/1 3:15:28"转换为开关型的时间值。函数具体内容和使用方法可查看在线帮助。

39.　数据提取后，为什么只有"MCGS_Time"，却没有需要的数据？

答：数据提取的"提取方式"选项卡中没有填写相应的提取后的字段名称。

40.　如果想用数据提取把统计后的结果送到变量中，怎么办？

答：数据提取的"数据输出"选项卡中选择"输出到变量"。

41.　如何判断通信是否正常呢？

答：通信标志位为 0 是正常的，非 0 表示没有通信成功。

42.　设备通信是否能由用户自由控制？

答：可以，MCGS 提供了"!SetDevice (设备名,设备操作码,设备命令字符串)"函数，当设备操作码等于不同值时，就可以完成启动、停止及检测等功能。函数具体内容和使用方法可查看在线帮助。

43.　设备命令是什么意思？有什么用途？

答：设备命令就是发给该设备的一系列自定义命令，可以完成一些特殊的功能。在 MCGS 中，频繁读写的参数是在通道连接中实现的（例如 PV），不常用的参数的访问是通过设备命令完成的（例如 P、I、D），充分提高串口的有效利用率。

44. 一个物理设备，可以用多个驱动来采集吗？

答：可以，多个驱动之间的访问是互相独立的。

45. 一个串口下可以挂接多个不同设备吗？

答：可以，但这些设备的通信波特率、数据位、停止位和校验位等串口通信参数要完全一致。

46. 如果用户自己开发的设备支持 MODBUS 协议，但在 MCGS 中没有用户需要的设备驱动，怎么办？

答：MCGS 提供了标准的 MODBUS 协议设备，可以用于任何一种支持标准 MODBUS 协议的设备。

47. NT 下采集板工作不正常怎么处理？

答：首先，确定硬件连接是否正常及设备地址是否正确；然后，对于 ISA 插槽的板卡，查看控制面板→设备→McgsPort 是否启动了。

48. 在研华 4000、5000 系列模块使用中，如何设置模块的参数？

答：MCGS 提供了设置工具。同单个模块的设备组态一样，把设置工具添加到串口父设备下，然后进行搜索、修改模块的参数。

49. 如何制作工程的帮助文件？

答：使用"超级文本"动画构件可以加载 RTF 文件（Rich Text File，富文本文件，用 WORD 编写），作为工程的帮助文件。

50. 网络通信能够同时传送实时数据和历史数据吗？

答：可以。使用"网络数据同步"和"网络数据库同步"设备，可以同时传送实时数据和历史数据。

51. 如果主叫端或被叫端是分机，能实现 MODEM 通信吗？怎么拨分机号？

答：可以。具体方法是修改电话号码为"电话号码"＋","＋"分机号"，中间逗号的作用是停 3s，可以加一个或多个逗号，视具体情况而定。

52. 如果使用 MODEM 呼叫另一台计算机，对方始终不摘机，怎么办？

答：使用 MCGS 提供的"MODEM 设置工具"，设置该 MODEM 为远程 MODEM 即可。

53. WWW 网络版 IE 是唯一的浏览器吗？

答：不是，IE、NETSCAPE、WORD、VC、VB 等任意支持 OLE 的软件都可以作为浏览器。

54. 在 WWW 客户端需要安装什么软件？

答：由于采用了瘦客户端机制，所以不需要安装任何软件。但是第一次浏览时会自动下载 MCGSVIEW 浏览控件。

55. WWW 只能用在企业局域网吗？

答：不是，可以适用于 Internet/Intranet。

56. 曲线或表格的网格线只能显示部分，但是可以打印，怎么回事？

答：主要是因为显卡驱动程序安装有问题，解决办法是下载并安装更新的驱动程序。

57. 在组态环境下能够打印用户窗口吗？

答：可以，通过"文件"→"打印"菜单命令即可。

58. 高级开发时为什么不用微软提供的 MSCOM 控件进行串口通信？

答：MCGS 采用的是无界面串口通信，不能使用控件；同时，MCGS 的串口通信时采用

VC 编写的底层实现代码，提供了绝对的可靠性。

59. 在 WINDOWS NT40 下安装 MCGS 时，为什么要安装 SP3？

答：SP3 是 NT40 的补丁包，修改了 NT 早期的一些错误，MCGS 是建立在 SP3 之上的。

60. 如何实现开机自动运行 MCGS 工程？退出 MCGS 工程时自动关闭计算机？

答：假设 MCGS 系统安装在 "D：\MCGS" 目录，工程为 "D：\MCGS\Work\Test. MCG"

1）对于 Windows95、98 系统：

打开在 Windows95、98 的系统目录下的 SYSTEM. INI 文件，将其中的 "SHELL = EX-PLORER. EXE" 改成 "SHELL = D：\MCGS\Program\MCGSRUN. EXE D：\MCGS\Work\Test. MCG"，Windows 将自动进入 MCGS 运行环境。

2）对于 Windows NT 系统：

设 NT 的 Administrator 密码为 "123"（不能为空）。打开 "开始" 菜单，单击 "运行（R）"，输入 "REGEDIT" 回车进入注册表编辑器，找到键值 "我的电脑\HKEY_LOCAL_MACHINE \ SOFTWARE \ Microsoft \ Windows NT \ CurrentVersion \ Winlogon"，将 "Userinit = userinit，nddeagnt. exe" 修改为 "Userinit = D：\ MCGS \ Program \ MCGSRUN. EXE D：\ MCGS \ Work \ Test. MCG，nddeagnt. exe"，再在注册表编辑器的右边项目中单击鼠标右键，新建两个字串值，改名为 "AutoAdminLogon = 1"，"DefaultPassword = 123"。这样，Windows NT 将自动进入 MCGS 运行环境。

参 考 文 献

［1］许志军. 工业控制组态软件及应用［M］. 北京：机械工业出版社，2005.

［2］陈志文，吴超. 组态控制实用技术［M］.4 版. 北京：机械工业出版社，2024.

［3］郁汉奇，王华. 可编程自动化控制器（PAC）技术及应用［M］. 北京：机械工业出版社，2011.

［4］李红萍. 工控组态技术及应用——MCGS［M］.3 版. 西安：西安电子科技大学出版社，2023.

［5］张桂香，张桂林. 电气控制与 PLC 应用［M］.3 版. 北京：化学工业出版社，2023.